总策划／邢涛　主编／龚勋

U0636273

界重大

发明发现

百科全书

汕頭大學出版社

世/界/重/大/发/明/发/现/百/科/全/书

CRITICAL INVENTIONS AND DISCOVERIES OF THE WORLD

===============================
世 界 重 大 发 明 发 现 百 科 全 书
CRITICAL INVENTIONS AND
DISCOVERIES OF THE WORLD

FOREWORD
前言

　　人类经过上万年的创造与探索活动，衍生了成千上万项的发明和发现。这些成功的发明与发现不但满足了人类生存和求知需要，而且对造就我们今天的文明世界，起到了极为重要的作用。

　　与古代人类生活的那个年代相比，我们现在生活的世界已经发生了翻天覆地的变化。在现代生活中，发明创造无处不在，大到飞机、轮船，小到细细的拉链、回形针，这些成果无不包含着发明家们的奇思妙想和辛勤的汗水。为了让青少年读者更好地了解那些对我们生活有着深刻影响的发明与发现，我们精心编撰了这本图文并茂的《世界重大发明发现百科全书》。本书从科技、自然、生命科学、医疗应用、交通能源、军事以及生活应用这七大方面，精选出具有代表性的发明与发现成果。书中详尽地讲述了每项发明与发现辗转曲折的由来、艰辛的发展历程以及这些成果为我们今天生活所带来的重大影响。青少年读者们可以从书中每一项的发明和发现中感受到前人严谨、求实的科学态度，学习他们不畏艰难、锲而不舍的创造精神。本书内容全面、丰富，结构严谨，体例新颖，以图文并茂的编排方式让青少年读者在学习知识的同时，能更感性直观地了解发明创造的过程和原理，有助于知识的巩固和深化。希望青少年读者通过阅读本书体验到科技文明的神奇，感受到科学家们博大精深的智慧、深刻的思想，不断重新认识这个充满未知的世界。

世界重大发明发现百科全书

CONTENTS
目录

Part 1 Science and Technology
第一章 科技

科技发明的日新月异

人类进入文明社会后，逐渐认识到科技对于生活的重要性，随着时间的推移，出现了越来越多的新发明与新发现。

Part 2 The Nature
第二章　自然

自然界中的惊奇发现

当人类的文明出现以后，充满智慧的人类在自然界中发现了许多奇妙的现象，并且从中得到启发，创造了文明。

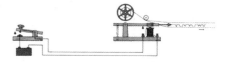

Part 4 Medical Treatment
第四章　医疗应用

为了生命健康的发明

从对医学一无所知到对新医学的研究，医疗领域的科技正飞速发展着。

Part 3 Science of Life
第三章　生命科学

探索生命的旅程

人类一直都在探索着生命的真谛，化石的发现，为探索生命拉开了序幕。

Part 5 Traffic and Energy
第五章　交通能源
新型交通工具的出现与环保能源的开发

新的交通工具，新的能源的利用，它们推动了
社会的进步，改变了人们生存的环境。

Part 6 Military Affairs
第六章　军事
为了和平而存在的武器

科技的发展使武器装备不断更新，军事技术的
发展只是为了迎接和平的到来。

Part 7 Daily Life
第七章　生活应用
小物品体现生活大智慧

生活是发明创造的源泉，生活中的一点一滴总
是能激起人们创造的灵感。

第一章 **Part1**

科技
Science and Technology

　　人类进入文明社会后，逐渐认识到科技对于生活的重要性。在古代，人们就懂得利用勾股定理去测量土地，并在生活实践中验证了这个深奥的数学定理。随着人们知识的增加，新的发明发现不断增多。电子计算机的发明与更新彻底地改变了人们的生活方式，信息的飞速传递，让一切都变得高效率。再看我们的身边，电灯、空调、洗衣机、电视机等家电设备的发明，既方便了人们的生活，又让人们开阔了视野，轻松享受生活的乐趣。随着时间的推移，将会出现更多新的发明与发现。

勾股定理

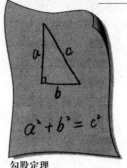

勾股定理

勾股定理在西方又称"毕达哥拉斯定理"，其内容是"直角三角形两直角边的平方之和等于其斜边的平方"。中国古代称直角三角形的两直角边为"勾"（短直角边）和"股"（长直角边）、斜边为"弦"，所以此定理也称为"勾股定理"。

勾股定理的由来

勾股定理是数学领域的一个很重要的定理。它是中国古代劳动人民通过长期测量实践发现的。人们发现：当直角三角形的短直角边（勾）是3，长直角边（股）是4的时候，直角的对边（弦）正好是5。这是勾股定理的一个特例。到了公元前540年，古希腊数学家毕达哥拉斯通过反复证明，确定了直角三角形三边的这种特例关系。

简简单单的勾股定理已应用到众多行业中，建筑业中应用尤其多。

勾股数组

古人所说的"勾三股四弦五"表达的是(3，4，5)这组数满足勾股定理，事实上还有很多组数可以成为勾股数，如（(6，8，10)、(5，12，13)、(8，15，17)等。其实只要在(X，Y，Z)这组勾股数的基础上都乘上一个常数值K，即(KX，KY，KZ)，也一定是一组勾股数。此外，只要满足($2n$，n^2，n^2-1)(n取大于1的整数)关系的数组也是勾股数。

勾股定理的应用

勾股定理是一条古老而应用十分广泛的定理。据说四千多年前，中国的大禹就是通过勾股定理确定两地的地势差，以此来治理洪水的。古埃及人运用勾股定理来确定金字塔正方形底的尺寸。在现代，勾股定理应用范围更为广泛。如在计算屋架所需木料以及起重机工作高度时，都需要用勾股定理来帮助计算。而勾股定理在科学、技术、工程上的应用更是多得不胜枚举。事实上，勾股定理的应用范围是任何其他数学定理所不可比拟的。

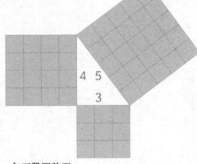

勾三股四弦五

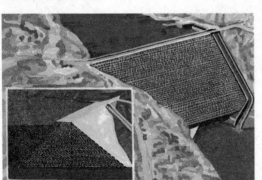

在修筑水坝时，人们进行精密的测量，其中也应用到了勾股定理。

毕达哥拉斯

毕达哥拉斯是古希腊哲学家、数学家、天文学家。他在意大利南部的克罗托内建立了一个政治、宗教、数学合一的秘密团体——毕达哥拉斯学派。这一学派很重视数学，企图用数学来解释一切。毕达哥拉斯本人则以发现勾股定理而著名。此外，毕达哥拉斯在天文学和音乐理论上也有不少贡献。他的思想和学说对古希腊文明产生了巨大影响。

欧几里德几何

欧几里德几何，简称欧氏几何，是几何学的一门分科，主要指以欧几里德平行公理为基础的几何学。公元前7世纪以后，古希腊人将积累的几何知识同逻辑思想相结合，使几何学的系统化、公理化有了基础。后来，欧几里德按照逻辑系统把几何命题整理出来，完成了数学史上的光辉著作《几何原本》。

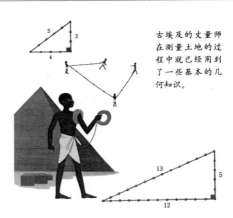

古埃及的丈量师在测量土地的过程中就已经用到了一些基本的几何知识。

几何学的产生

几何学和算术一样产生于生活实践之中。正是由于生产实践的需要，原始的几何概念逐步形成了比较粗浅的几何知识。但是这些知识是零散的，而且大多数是经验性的。在远古时代，人们在实践中积累了十分丰富的概念，如平面、直线、方、圆、长、短、宽、窄、厚、薄等，并且逐步认识了这些概念之间的各种关系。后来，这些知识就成了几何学的基本概念。

欧几里德的《几何原本》

约公元前300年，欧几里德写成了数学巨著——《几何原本》。这部书最主要的特色是建立了比较严格的几何体系。这个体系有四方面的主要内容——定义、公理、公设、命题（包括作图和定理），这些构成了《几何原本》的基础。全书以这些定义、公理、公设为依据，按逻辑要求展开其他各个部分。比如后面出现的每一个定理都写明什么是已知、什么是求证，都要根据前面

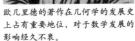

欧几里德的著作在几何学的发展史上占有重要地位，对于数学发展的影响经久不衰。

的定义、公理、定理进行逻辑推理给予详细证明。从欧几里德写成《几何原本》到现在，已经过去了两千多年。尽管科学技术日新月异，但是欧几里德几何学仍旧是数学基础知识的重要组成部分。

埃及的金字塔在建筑设计中运用了科学的几何学原理，所以才如此坚固挺拔，屹立千年而未毁。

万有引力定律

万有引力定律是解释物体之间相互作用的引力的定律。日月升落，星光闪烁，自古以来就吸引着人们探究其运行规律。牛顿提出的万有引力定律，为我们进一步认识和了解宇宙开辟了道路，而万有引力定律的发现正是植根于对宇宙中地、月、日运行规律的探索和实践之中。

落下的苹果触发了牛顿的灵感。

万有引力定律的发现

现在，科学界公认是牛顿提出了万有引力定律，连小学生都知道牛顿在苹果树下休息时，看见苹果落地发现万有引力的故事。但实际上万有引力的发现并不只是看见苹果落地这么简单。1687年，牛顿在其著作《数学原理》中详细提出了引力定律。定律指出：两物体间引力的大小与两物体质量的乘积成正比，与两物体间距离的平方成反比，而与两物体的化学本质或物理状态以及中介物质无关。

这是牛顿发表有万有引力定律一书中的插图。牛顿计算出受地心引力影响而回转的月球轨道是椭圆形的。

万有引力定律的应用

万有引力定律作为自然界最基本的定律之一，在很多领域都得到了广泛的应用。比如，在航天技术中，航天器与天体接近时的万有引力可以作为一种有效的加速办法；宇宙物理中常常以测定天体的万有引力效应来断定天体的位置和质量；在强磁场地域，电磁探测会受到局限，这时可以通过万有引力的测量计算来探知地下的物质密度，从而断定地下矿藏的分布或是地下墓穴的位置。

牛顿提出的万有引力定律在当时并没有得到人们的认同，这是一幅讽刺其理论的漫画。

万有引力定律用公式表示为：

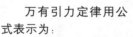

$$F = G\frac{m_1 \cdot m_2}{r^2}$$

更加严谨的表示是如下的矢量形式：

$$F = G\frac{m_1 m_2 r}{|r|^3}$$

其中：

F：两个物体之间的引力
G：万有引力常数
m_1：物体1的质量
m_2：物体2的质量
r：两个物体之间的距离

1687年出版的《数学原理》一书是牛顿关于物体运动的三大定律以及万有引力定律研究的结晶。

相对论

　　相对论是现代物理学的基础理论之一。它是论述物质运动与空间时间关系的理论，于20世纪初由爱因斯坦创立，后经许多物理学家一起对它进行发展和完善。此理论由狭义相对论和广义相对论两部分组成。狭义相对论于1905年创立，广义相对论于1916年完成。相对论从逻辑思想上统一了经典物理学，使经典物理学成为一个完善的科学体系。

《时代周刊》上的爱因斯坦

相对论的创立

　　19世纪的物理学中并存着两套理论：一是研究物体运动的古典力学，一是研究光线的电磁学。古典力学的理论基础是伽利略的相对性原理，牛顿的力学理论也是建立在这一原理基础之上。古典力学中提出，在这个世界上，没有"绝对空间"，也没有绝对静止不动的物体。而电磁学则提出，光是在绝对静止的"以太"中传播的。当人们运用古典力学解释光的传播等问题时，发现了两者之间存在着尖锐的矛盾，从而对经典时空观产生了新的疑问。爱因斯坦针对这些问题，尝试同时从两个原埋出发，来重建物理理论，提出了物理学的新的时空观，创立了相对论。

位于苏黎士的爱因斯坦的实验室

狭义相对论与广义相对论

　　爱因斯坦在狭义相对论中给出了物体在高速运动下的运动规律，并揭示了质量与能量有着非常直接的关系，得出了质能关系式$E=mc^2$。这项成果对研究微观粒子具有极端重要性。因为微观粒子的运动速度一般都比较快，有的接近甚至达到光速，所以研究粒子的物理学离不开相对论。广义相对论提出，空间不只会被物体改变，同时，如果没有物体，空间就不存在。广义相对论建立了完善的引力理论，而引力理论主要涉及的是天体。现在，相对论宇宙学得到了进一步发展，使引力波物理、致密天体物理和黑洞物理这些属于相对论天体物理学的分支学科都有了一定进展，吸引了许多科学家进行研究。

聚精会神聆听代数解说的少年爱因斯坦

陶瓷

　　用陶土烧制的器皿叫陶器，用瓷土烧制的器皿叫瓷器。陶瓷，则是陶器和瓷器的总称。凡是用陶土和瓷土这两种不同性质的黏土为原料，经过配料、成型、干燥、焙烧等工艺流程制成的器物，都可以称为陶瓷。烧制陶器和瓷器的工业通称陶瓷工业。

制陶工人正在旋转的轮子上塑造一个容器。

古代人类的智慧结晶——陶瓷的发明

　　据考古发现，早在1万年前，古代中国人民就已经能够用黏土制造出形状各异、经久耐用的容器了。陶器的发明，是新石器时代开始的重要标志之一，也是当时经济发展的必然产物。随着历史的前进，生产力水平不断提高，陶器制作工人在生产实践中发现和利用了"釉"，这为瓷器的出现提供了条件。瓷器发明于中国的商周时代，至今已有三千多年的历史。当时的人们在制陶经验的基础上发明出了瓷器的制作方法。考古挖掘出的最早的瓷器是中国商周时期的青釉器，它与一般用黏土制胎的陶器不同的是，这种青釉器采用的是高岭土，焙烧温度高达1200℃以上。

彩陶人面鱼纹盆

陶器的制作工艺

　　陶器的制作分为泥条盘筑法和轮制成型法两种。泥条盘筑法是一种比较古老的方法，简单地讲，就是将拌好的泥土搓成泥条，从器底依次将泥条盘筑成器壁直至器口，拍打并抹平器壁盘筑时留下的沟缝，然后入窑烧制。轮制成型法是在盘筑的基础上产生的一种制陶技术，它借助于一种被称为"陶车"的简单机械对陶坯进行修壁。"陶车"是一个圆形的工作台，台面下的中心处有个圆窝置于轴上，可围绕车轴作平面圆周运动。将陶坯置于工作台面的中心，推动台面旋转，便可以用手或工具对陶坯进行修整成形。

瓷器的特点

制作瓷器的胎料必须是非常讲究的瓷土。瓷土的成分主要是高岭土，并含有长石、石英石、莫来石等成分，含铁量低。用这种瓷土制成的瓷胎，经过高温烧成之后，胎色白，具有透明性或半透明性。瓷器表面所施的釉，是在高温之下和瓷器一道烧成的玻璃质釉。瓷器烧成之后，胎体坚硬结实，组织致密，叩之能发出清脆悦耳的金属声。

青花瓷容器

彩陶鱼纹盆

青花瓷

青花瓷是在白瓷素胎上以钴料描绘纹饰，然后上透明釉，在高温下一次烧成的釉下彩瓷器，花面呈蓝色花纹，美观大方，明净素雅，呈色稳定，不易磨损，而且没有铅溶出等弊病。青花瓷是元代时期景德镇瓷工的创造发明，当时烧制技术就已经十分成熟。到了明代，景德镇青花瓷就更以胎釉精细、青花浓艳、造型多样而负盛名。清代康熙、雍正、乾隆年间的青花瓷烧造技术更加高超，成就不凡。新中国成立后，青花器皿由过去的单件为主，发展成以配套为主，画面十分精美。

陶瓷中的一支奇葩——紫砂陶

"中国瓷都"——景德镇

中国宋朝时期，瓷器制造技艺日渐精湛。当时，江西的昌南镇成了最大的瓷器制造中心，专为皇帝生产贡品。当时的人们将昌南镇所出的精美瓷器誉为"假玉器"，而宋代皇帝宋真宗对那里出产的瓷器更是赞不绝口，干脆在公元1004年，即景德之年，下圣旨将昌南镇改为景德镇。今天，景德镇经过上千年的发展，成为饮誉世界的"中国瓷都"。

紫砂陶器，是一种用质地细腻、含铁量高的特殊陶土烧制而成的无釉细陶器，称作"紫砂器"，又称"紫砂"。其颜色多呈紫褐、朱砂红和葵黄等色。它的出现晚于陶、瓷。与一般陶瓷泥的颗粒状结构不同，紫砂泥的分子排列特殊，呈鳞片状结构，这使得用紫砂泥烧制的陶器冷热急变性好，热传导变性低，抚摸不烫手，注入沸水及火上煎烧，都不易炸裂，因而优于一般的瓷器。另外，由于紫砂泥的可塑性也好，烧成后不易变形，制陶者能够借助这一特性创作出实用性和艺术性兼备的紫砂器具来。

制作精美的瓷器工艺品

造型各异的紫砂陶壶

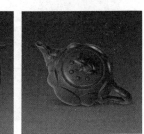

玻璃

玻璃是一种质地硬而脆的透明物体，它没有确切的出现时间。我们今天所熟悉的玻璃最早是由古埃及人发明的。随着水上贸易的日益发达，埃及人的玻璃制造技术先后传到了欧洲和东方。

吹制法制作的玻璃器皿。 居室内的窗户是用玻璃薄板制成的。

玻璃的发明之谜

早在古埃及时期，埃及人就已经开始制作玻璃制品。玻璃珠一直是古埃及人的高贵装饰品。考古学家在埃及的古墓中发现了一颗最早的玻璃珠，约有5500年的历史，它就是古埃及玻璃制造技术的见证。而在中国的文献中，也曾介绍过西周时期（距今三千多年）的白色穿孔玻璃珠，以及战国时期的彩色料珠等。考古学家虽然找到了古代的玻璃制品，但玻璃是怎样发明的，谁也没有明确的答案。

种类繁多的玻璃制品

如今，世界上的玻璃制品种类繁多。从实验室的试管、烧杯，到化工厂的管道设备；从观测太空的天文望远镜到研究微生物的显微镜；从耐热玻璃到防弹、防辐射玻璃；从玻璃纤维到光导纤维；还有许多许多特种玻璃，如电光玻璃、声光玻璃、变色玻璃、微孔玻璃等等。

玻璃制作工艺的发展

古代的玻璃是用沙子、石灰石和碳酸钠的混合物制造出来的，是不透明的，但它带有漂亮的颜色，这是因为混合物原料中含有杂质。现代的玻璃一般是用石英砂、石灰石、纯碱等原料混合后，在高温下熔化、成型、冷却后制成。现代的玻璃制品既可以清澈透明，也能带有各种颜色，还能制作成各种形状的装饰品。

玻璃的制造过程

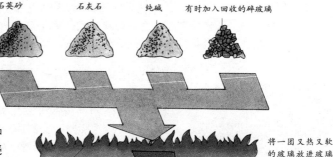

石英砂　　石灰石　　纯碱　　有时加入回收的碎玻璃

在窑炉中加热后形成融熔态的玻璃。

将一团又热又软的玻璃放进玻璃瓶的模子里。

把空气吹进模内的玻璃里，使它变成玻璃气泡，气泡在模里膨胀成瓶子形状。

融熔态的玻璃经过液态锡表面冷却。

玻璃瓶冷却、变硬成形。

再经打磨便成为平板玻璃。

各种颜色的玻璃器

水泥

　　水泥这种神奇的建筑材料，自出现后就彻底改变了我们居住的世界。作为现实中的人造石，它构筑了一个新的地球表面。现在，全世界水泥年产量达到20亿吨，它已经成为现代社会不可或缺的大宗产品。

建筑宠儿——水泥的发明

　　1824年，英国利兹城的泥水匠阿斯普丁尝试用石灰、黏土、石灰石、二氧化硅等配料，按不同比例进行多次试验，最终发明出一种黏合剂。由于这种黏合剂加水后会硬结，所以阿斯普丁就称其为"水泥"。另外，这种黏合剂硬度、颜色和外观与英国波特兰地区出产的石料颜色相似，所以又被称为"波特兰水泥"。水泥被发明之后不久，就广泛应用在房屋、桥梁及道路的建筑上，成为建筑业的宠儿。

水泥要和其他建筑材料共同使用才能完成建筑工程。

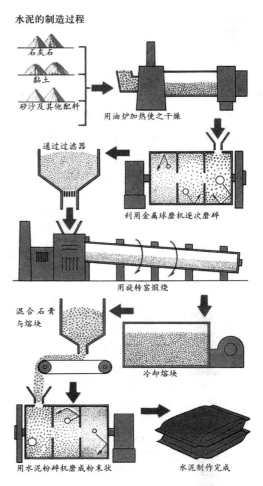

水泥的制造过程

石灰石
黏土
矽沙及其他配料
用油炉加热使之干燥

通过过滤器
利用金属球磨机逐次磨碎

用旋转窑煅烧

混合石膏与熔块
冷却熔块

用水泥粉碎机磨成粉末状
水泥制作完成

自私的发明人

　　1824年10月21日，英国利兹城的泥水匠阿斯普丁获得了"波特兰水泥"专利证书。后来，他在英国的韦克菲尔德建立了第一个波特兰水泥厂。但阿斯普丁对"波特兰水泥"的生产方法采取了严格的保密措施：在工厂周围建筑高墙，不准外人进入工厂；工人不能在自己工作岗位以外的地段走动；为制造假象，阿斯普丁经常用盘子盛着硫酸铜或其他粉料，在装窑时将其撒在干料上。因为阿斯普丁的狭隘、自私，直到他死后，人们也不知道他的水泥配方。

各具奇功的特种水泥

　　随着科技的不断发展，研究水泥的专家们又研制出了各种各样的水泥添加剂，发明了许多各具功能的特种水泥。如有人用石膏来调节水泥的凝结时间，发明了快硬水泥和缓凝水泥；将耐碱的花岗岩、白云岩、石灰岩等加入水泥里，配制出了耐碱水泥；在普通水泥中加入耐火性能特别好的玄武岩、矿渣和矾土等，就能配制出耐火的水泥混凝土。这些新型水泥的研制成功，极大地促进了建筑业的发展。

城市中的建筑物需要水泥的帮助才能构建起来。

纸

纸是写字、印刷、包装所使用的材料，在公元前2世纪由中国人首先发明。公元768年，阿拉伯人向俘获的中国人学习造纸。于是造纸技术传到阿拉伯，由此逐渐传入欧洲。纸的发明为世界科技文化的发展起了巨大的推动作用。

古代造纸工序图

办公用纸

纸的发明

中国汉朝时，人们在漂冲丝茧时留下一层薄薄的丝絮，将它晒干揭下后，就能在上面写字了。这就是最早的"纸"。但其数量有限，造价昂贵，未能广泛使用。公元105年，中国人蔡伦通过总结前代及同代造麻纸的经验技术，发明出真正实用的纸张。蔡伦采用的造纸原料中有麻头、破布和渔网，还有一种原料为树皮。基本工序为：浸润麻料→切碎→洗涤→草木灰水浸料→蒸煮→洗涤→春捣→洗涤→配浆液并搅拌→抄造→晒纸→揭纸。这种造纸技术很快便推广到全国各地。

蔡伦

蔡伦是东汉桂阳人（现在的湖南耒阳县），从小就进宫当太监。汉和帝时担任尚方令，主管制造宫中御用器物，因而经常和工匠接触。蔡伦聪明好学，经常帮助工匠提高制作技巧。蔡伦是朝廷官员，他了解官方的需要，于是就开始琢磨生产一种能方便制造、大量生产的记录文字的物品——纸。他总结前人经验，终于发明出造纸术。

纸的种类

纸的种类数以百计，很多种纸还经过其他加工程序。有的纸弄湿后用热滚筒烘干，使纸的表面光滑；有的纸加上瓷土表层，成为优质美术纸和印刷纸；有的纸是利用废纸制造出来的优质的再生纸。还有各种文化用纸，比如铜版纸、道林纸、模造纸、印书纸、画图纸、招贴纸、打字纸、新闻纸等。

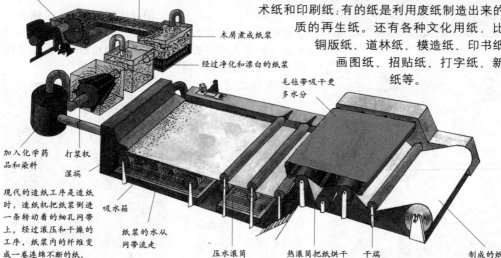

圆木

木屑

木屑煮成纸浆

经过净化和漂白的纸浆

毛毡带吸干更多水分

加入化学药品和染料

打浆机

湿端

现代的造纸工序是造纸时，造纸机把纸浆倒进一条转动着的细孔网带上。经过滚压和干燥的工序，纸浆内的纤维变成一卷连绵不断的纸。

吸水箱

纸浆的水从网带流走

压水滚筒

热滚筒把纸烘干 干端

制成的纸

火药

火药是中国的四大发明之一。最早的火药出自中国古代炼丹家之手，后为军事家所利用，得到发展和改进，先后出现了燃烧性火药和爆炸性火药。火药大约发明于唐代中期，到唐代后期便开始应用于军事。

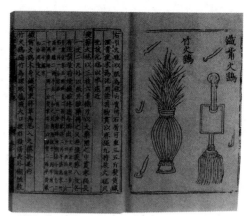

《武经总要》中关于火药使用的记载

炼丹士在炼丹过程中使用易燃的硫磺、硝石、木炭等原料。在炼制过程中稍有不慎，便会发生爆炸。

古代火药的成分

早期火药的基本成分为硝石（硝酸钾）、硫磺和含碳物质。其中最主要的成分是作为氧化剂的硝石。对硝石的利用是发明火药的关键。中国很早就在炼丹术和医药中使用硝石，在《史记·扁鹊仓公列传》中已经提到汉初名医淳于意用硝石作为药剂。炼丹术兴起后，硝石成为一种主要炼丹药剂。五金、八石（各种矿物）、三黄（硫磺、雄黄、雌黄）、汞和硝石都是炼丹的常用药物。若用硝石与三黄共炼，必将引发燃烧或爆炸。

古代炼丹用具——彩虹鼎

炼丹士的收获——火药的发明

在古书《诸家神品丹法》卷五里，记载着唐初医药家兼炼丹家孙思邈的《丹经内伏硫黄法》。从这一记载可以看出，当时的炼丹家已经知道了硝石、硫磺、木炭混合点火会发生剧烈反应的特点，因而懂得采取措施控制混合物的反应速度，防止混合物爆炸。中唐以后的炼丹书籍《真元妙道要略》里曾有火药燃烧造成事故的记载。这说明中国在约1200年前已在制丹配药的实践中发明了火药。

火药燃烧爆炸的原理

火药触火即燃，在较密闭的容器中，还会发生爆炸。体积很小的火药，燃烧时可产生大量的气体和热量，体积突然增至几千倍，密闭的容器盛不下，便会发生爆炸，同时还会产生K_2S等固体物质，并夹杂着未完全燃烧的炭末一起喷出来，所以火药爆炸时能看到许多黑烟冒出来。

火药是硫磺、硝石、木炭按一定比例的混合物，颜色是黑的，所以也叫"黑色火药"。

橡胶

橡胶是一种高分子化合物，弹性好，有绝缘性，不透水，不透气。橡胶分为天然橡胶和合成橡胶两大类。橡胶工业发展到现在，制作技艺已突飞猛进，其制品广泛应用在工业和日常生活的许多方面。

制作合成橡胶的情形

工业新兵——硫化橡胶的发明

许多年以前，秘鲁人偶然发现在一棵橡树树皮上割一道口子，里面就会流出一种奶状液体，用这种液体可以制成一种黏性物质——橡胶。从1830年起，美国人古德意就开始用各种化学试剂放进橡胶浆中实验，试图改进橡胶性能，使其成为工业用品。直到1838年，古德意通过观察硫磺放到橡胶中的试验，找出了制造橡胶的最佳配方，最终成功发明了橡胶硫化法，直到今天这种方法仍在使用。

橡胶制成的管子

用途广泛的橡胶制品

在日常生活中，我们到处可以看到用橡胶制成的物品：轮胎、机器的传动带、雨衣、雨鞋、橡皮艇、密封垫圈、电线绝缘外套等，真是数不胜数。据不完全统计，如今橡胶制品已多达5万余种。橡胶不但用途广，而且用量大。现在，科学家们仍在不断研制新型的橡胶制品。

合成橡胶的发展

20世纪特别是第二次世界大战以来，天然橡胶已满足不了国民经济、军事和日常生活日益增长的需求，这就促进了合成橡胶的发展。石油化学工业的迅速崛起，为合成橡胶工业创造出丰富而又廉价的原料。目前，合成橡胶品种繁多，性能各异，已远非天然橡胶可比。除了各种专用的特种合成橡胶外，人们还生产出了从结构到性能与天然橡胶相同的"合成天然橡胶"（异戊橡胶）及易于加工的液体橡胶，这是合成橡胶工业进入一个全新时期的标志。

传统收集胶乳的方法

橡胶轮胎

塑料

　　塑料是一种常见的化工材料，不用很高的温度加热就能使它变软，做成各种形状的物品。塑料制品色彩鲜艳，重量较轻，不怕摔，而且经济耐用。塑料的问世不仅给人们的生活带来了许多方便，而且推动了工业的发展。

用塑料制成的儿童玩具

材料家族的后起之秀——塑料的发明

　　塑料是指可用模塑或其他方法加工成制品的化学合成材料。真正意义上的塑料，是在1909年由美国化学家贝克兰用苯酚和甲醛制成的酚醛塑料。酚醛塑料呈乳白色，它出现后很快就在很多地方取代了钢铁、木材、水泥和玻璃等材料，发挥了它独有的优质特性。这种塑料常被用来制作绝缘体、胶粘剂和层压剂等。

真空成形法制造塑料盆过程

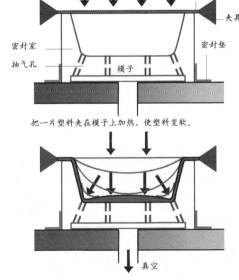

一片塑料
夹具
密封室
密封垫
抽气孔
模子

把一片塑料夹在模子上加热，使塑料变软。

真空

抽掉模子中的空气，使塑料下面变为真空，大气压力使塑料陷进去。

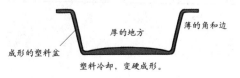

厚的地方
薄的角和边
成形的塑料盆

塑料冷却，变硬成形。

白色恐慌——塑料污染

　　塑料在给人们的生活带来方便的同时，也给环境带来了破坏，人们把塑料给环境带来的灾难称为"白色污染"。目前，很多国家都采取焚烧（热能源再生）或再加工制造（制品再生）的办法处理废弃塑料。这两种办法使废弃塑料得到再生利用，达到了节约资源的目的。但废弃塑料在焚烧或再加工时会产生剧毒气体，也会污染环境，因而，废弃塑料如何妥善的处理，至今仍是环保工作中急需解决的一大难题。

塑料的用途

　　塑料发明以后，被广泛用于农业、工业、建筑、包装、国防尖端工业以及人们日常生活等各个领域。农业方面：大量塑料被用于制造地膜、大棚膜和排灌管道、鱼网等。工业方面：电气和电子工业广泛使用塑料制作绝缘材料和封装材料；在机械工业中用塑料制成的许多零部件可以代替金属制品；在建筑工业中塑料可以制作成各种装饰材料。在国防工业和尖端技术中，无论是常规武器、飞机、舰艇，还是火箭、导弹、人造卫星、宇宙飞船和原子能工业等，塑料都是不可缺少的材料。在人们的日常生活中，塑料的应用更加广泛，如雨衣、手提包、儿童玩具、牙刷、肥皂盒等等，都是用塑料制成的。

元素周期表

　　元素周期表是对元素周期律的科学总结，它反映了元素之间的相互联系，曾在无机化学领域解释了许多复杂的问题，是学习和研究化学的重要工具。元素周期表对于了解化学反应及其分类是很有帮助的。应强调指出的是，早在人们比较详细地了解原子结构之前，门捷列夫就已发明了这张能够帮助人们更好地了解元素和化合物性质及其分类的表。

元 素 周 期 表

原子序数 26 Fe 元素符号
　　　　　铁　　　元素名称
原子量 55.845　　注*的是人造元素

周期	I_A																	0	电子层	O层电子数
1	1 H 氢 1.00794(7)	II_A											III_A	IV_A	V_A	VI_A	VII_A	2 He 氦 4.002602(2)	K	2
2	3 Li 锂 6.941(2)	4 Be 铍 9.012182(3)											5 B 硼 10.811(7)	6 C 碳 12.0107(8)	7 N 氮 14.0067(2)	8 O 氧 15.9994(3)	9 F 氟 18.9984032(5)	10 Ne 氖 20.1797(6)	L K	8 2
3	11 Na 钠 22.989770(2)	12 Mg 镁 24.3050(6)	III_B	IV_B	V_B	VI_B	VII_B		VIII			I_B	II_B	13 Al 铝 26.981538(2)	14 Si 硅 28.0855(3)	15 P 磷 30.973761(2)	16 S 硫 32.065(5)	17 Cl 氯 35.453(2)	18 Ar 氩 39.948(1)	M L K	8 8 2
4	19 K 钾 39.0983(1)	20 Ca 钙 40.078(4)	21 Sc 钪 44.955910(8)	22 Ti 钛 47.867(1)	23 V 钒 50.9415(1)	24 Cr 铬 51.9961(6)	25 Mn 锰 54.938049(9)	26 Fe 铁 55.845(2)	27 Co 钴 58.9332(9)	28 Ni 镍 58.6934(2)	29 Cu 铜 63.546(3)	30 Zn 锌 65.409(4)	31 Ga 镓 69.723(1)	32 Ge 锗 72.64(1)	33 As 砷 74.92160(2)	34 Se 硒 78.96(3)	35 Br 溴 79.904(1)	36 Kr 氪 83.80(1)	N M L K	8 18 8 2
5	37 Rb 铷 85.4678(3)	38 Sr 锶 87.62(1)	39 Y 钇 88.90585(2)	40 Zr 锆 91.224(2)	41 Nb 铌 92.90638(2)	42 Mo 钼 95.94(1)	43 Tc 锝 *(97.907)	44 Ru 钌 101.07(2)	45 Rh 铑 102.90550(2)	46 Pd 钯 106.42(1)	47 Ag 银 107.8682(2)	48 Cd 镉 112.411(8)	49 In 铟 114.818(3)	50 Sn 锡 118.710(7)	51 Sb 锑 121.760(1)	52 Te 碲 127.60(3)	53 I 碘 126.90447(3)	54 Xe 氙 131.293(6)	O N M L K	8 18 18 8 2
6	55 Cs 铯 132.90545(2)	56 Ba 钡 137.327(7)	57~71 La-Lu 镧系	72 Hf 铪 178.49(2)	73 Ta 钽 180.9479(1)	74 W 钨 183.84(1)	75 Re 铼 186.207(1)	76 Os 锇 190.23(3)	77 Ir 铱 192.217(3)	78 Pt 铂 195.078(2)	79 Au 金 196.96655(2)	80 Hg 汞 200.59(2)	81 Tl 铊 204.3833(2)	82 Pb 铅 207.2(1)	83 Bi 铋 208.98038(2)	84 Po 钋 *(208.982)	85 At 砹 *(209.210)	86 Rn 氡 *(222)	P O N M L K	8 18 32 18 8 2
7	87 Fr 钫 *(223)	88 Ra 镭 *(226)	89~103 Ac-Lr 锕系	104 Rf 𬬻 *(261)	105 Db 𬭊 *(262)	106 Sg 𬭳 *(263)	107 Bh 𬭛 *(264)	108 Hs 𬭶 *(265)	109 Mt 䥑 *(266)	110 Ds 𫟼 *	111 Rg 𬬭 *(272)	112 Uub * *(277)								

镧系	57 La 镧 138.9055(2)	58 Ce 铈 140.116(1)	59 Pr 镨 140.90765(2)	60 Nd 钕 144.24(3)	61 Pm 钷 *(144.913)	62 Sm 钐 150.36(3)	63 Eu 铕 151.964(1)	64 Gd 钆 157.25(3)	65 Tb 铽 158.92534(2)	66 Dy 镝 162.50(3)	67 Ho 钬 164.93032(2)	68 Er 铒 167.259(3)	69 Tm 铥 168.93421(2)	70 Yb 镱 173.04(3)	71 Lu 镥 174.967(1)
锕系	89 Ac 锕 *(227)	90 Th 钍 232.0381(1)	91 Pa 镤 231.03588(2)	92 U 铀 238.02891(3)	93 Np 镎 *(237)	94 Pu 钚 *(239.244)	95 Am 镅 *	96 Cm 锔 *(247)	97 Bk 锫 *(247)	98 Cf 锎 *(251)	99 Es 锿 *(252)	100 Fm 镄 *(257)	101 Md 钔 *(258)	102 No 锘 *(259)	103 Lr 铹 *(260)

给化学元素排队——元素周期表的发明

　　从18世纪中叶至19世纪中叶的100年间，一系列的新元素接连不断地被发现。到19世纪中叶，已经有63种化学元素被人们发现。但由这63种元素构成的化合物千千万万，五花八门，显得杂乱无章；关于各种元素与各种物质的性质也繁杂纷乱，毫无头绪。化学家们不断寻求这些元素相互之间的内在联系，想为元素做出科学分类。1869年，俄国化学家门捷列夫在前人工作的基础上，对以前的大量实验进行了订正、分析和概括。他总结：元素的性质随着相对原子质量的递增而呈现周期性的变化。这就是元素周期律。他还根据元素周期律编制了第一张元素周期表，把已经发现的63种元素全部列入表里。

早在18世纪就已有一些炼金术士在实验中发现了新元素。

周期表中元素的标志

科学家们书写元素的名称时，通常使用一种缩写形式，于是每个元素都有了一个符号。化学元素符号一般用该元素英文名称的第一个或前两个字母来表示。例如氧的符号是O，氦的符号是He，碳的符号是C，钠的符号是Na等。

元素周期表的意义

元素周期律揭示了元素原子核电荷数递增引起元素性质发生周期性变化的事实，从自然科学上有力地论证了事物变化的量变引起质变的规律性。通过元素周期律和周期表的学习，可以加深对物质世界对立统一规律的认识。元素周期表为发展物质结构理论提供了客观依据。原子的电子层结构与元素周期表有密切关系，元素周期表为发展过渡元素结构、镧系和锕系结构理论，甚至为指导新元素的合成、预测新元素的结构和性质都提供了线索。

在实验室里，科学家能够制造出许多新的元素。

元素周期表的应用

元素周期表的发明奠定了现代化学的基础，它被人们广泛应用到各个领域。首先，可以依据元素周期表有计划、有目的地去探寻新元素。既然元素是按原子量的大小有规律地排列的，那么，两个原子量悬殊的元素之间，一定有未被发现的元素。门捷列夫据此预测了类硼、类铝、类硅、类锆4个新元素的存在，不久，他的预言便得到证实。之后，其他科学家又发现了镓、钪、锗等元素。其次，根据元素周期表可以矫正以前测得的原子量。门捷列夫在编元素周期表时，重新修订了一批元素的原子量（至少有17个）。后来经过科学实验，证实他的猜想完全正确。元素周期律和周期表在自然科学的许多领域，如化学、物理学、生物学、地球化学等方面，都是重要的辅助工具。

土壤中含有很多矿物元素。

组成物质的元素

截至1996年，科学家们已经发现了112种元素。在这些元素中，有92种可以在自然界中找到，其余元素都是科学家在实验室里制造出来的。这112种元素通过不同的组合可以构成许许多多的物质。氧元素与氢元素结合形成了水；氧元素、氢元素、碳元素三者通过不同的方式结合，可以形成众多的与我们日常生活息息相关的有机物质，如蔗糖、酒精、淀粉等。

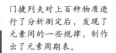

门捷列夫对上百种物质进行了分析测定后，发现了元素间的一些规律，制作出了元素周期表。

德米特里·伊万诺维奇·门捷列夫

1834年2月7日，门捷列夫出生于西伯利亚多波尔斯克。上学期间，他比较擅长数学、物理和地理学。1865年，门捷列夫取得博士学位，并被正式任命为教授。1868~1870年，他编写了一本概括化学基础知识的新教材——《化学原理》。在著书过程中，他深入探索了元素性质间的关系，对所有已知元素按原子量递增的顺序排列成表，显示出元素性质具有周期性的变化规律。此外，门捷列夫在石油工业、农业化学、无烟火药、气象学等方面都做出了突出贡献。1907年2月2日，这位享有世界盛誉的科学家与世长辞了。1955年，科学家们为了纪念元素周期律的发现者门捷列夫，将101号元素命名为钔。

钋和镭

钋和镭都属于化学元素。它们能放射出人眼看不见的射线，不用借助外力，就能自然发光发热，并释放出巨大的能量。钋和镭的发现，得到了科学界的极大关注，一度引起了科学和哲学的巨大变革，为人类探索原子世界的奥秘打开了大门，进而孕育了一门新的学科——放射化学。

居里夫人在聚精会神地进行科学实验。

钋和镭的发现

1898年，居里夫妇研究了80余种已知元素的盐和氧化物，在试验检测收集到的矿物的放射性时，发现沥青铀矿和铜铀云母矿的放射性比纯粹的铀的放射性更强烈，进而推断其中可能隐藏着另一种能够发射出射线的元素。当杂质一一除去以后，剩下的很小的部分所发出的射线，比铀发出的射线强400倍。他们把这种新元素定名为"钋"。同年12月，居里夫妇又在沥青铀矿中找出了另一种未知元素，起名为"镭"。

放射性元素中的放射线对人体的危害很大，因此在进行放射性实验时一定要采取防护措施。

为了纪念居里夫妇，许多国家都为他们发行了邮票。

居里夫人

居里夫人即玛丽·居里，是一位原籍为波兰的法国科学家。她与她的丈夫皮埃尔·居里都是元素放射性的早期研究者。他们共同发现了放射性元素钋(Po)和镭(Ra)，并因此获得了1903年的诺贝尔物理学奖。之后，居里夫人继续研究了镭在化学和医学上的应用，并且因分离出纯的金属镭而获得1911年的诺贝尔化学奖。

钋的应用

钋为银白色金属，能在黑暗中发光。钋的放射性比镭强，可作为放射源，科学研究中通常将其用作 α 射线源；有时也将钋沉积在铍上，用作中子源。此外，钋也用来消除静电，还可用作航天设备的热源。

让物质发生奇妙变化的镭

镭发出射线的同时，能产生大量的能量。科学家们利用这一特点，开始了对原子能的研究。在镭射线照射下，那些平常不能发射冷光的物质，也能发光，如无色玻璃会变成有色的，无色透明的金刚石会变成黑色石墨，掺有镭盐的夜光表指针上能发出黄绿光。另外，镭射线能杀伤恶性肿瘤组织、病菌，在医疗上经常用来医治癌症和皮肤病。

不锈钢

不锈钢是在空气中或化学腐蚀介质中能够抵抗腐蚀的一种高合金钢，它具有美观的表面和良好的耐腐蚀性能。它的主要成分是铁和铬。有的还加有其他元素，以获得不同的性能。由于所加元素及比例的不同，迄今已有一百多种不锈钢。

不锈钢水壶

厨房里的许多用具都是用不锈钢制作的，刀具、烹饪用具、包括盘子、勺子、蒸锅等，全都是用这种合金制造的。它不易生锈，容易清洗，而且导热性能好。

制造枪管时的意外收获——不锈钢的发明

早期炼出的钢有一个大问题，就是容易生锈。那些持续敲打和暴露在湿气中的钢制工具，会很快被腐蚀。为解决这个问题，科学家们通过用其他金属与钢相熔合，制成各种抗锈合金。1912年，英国冶金专家亨利·布诺雷把铬与铁熔合起来，生产出一种适合于制造来复枪枪管的合金。后来，布诺雷发现这种铁铬合金对铁锈具有很强的抵抗力。经过反复试验，布诺雷发现加12%的铬炼出的合金钢是最理想的不锈钢。随后，他用这种钢制成了一把刀，这是世界上第一件不锈钢产品。

不锈钢的分类

不锈钢的分类方法很多。按其化学成分分类，基本上可分为铬不锈钢和铬镍不锈钢两大类；按用途分类，则可分为耐硝酸不锈钢、耐硫酸不锈钢、耐海水不锈钢等等；按功能特点分类，又可分为无磁不锈钢、易切削不锈钢、低温不锈钢、高强度不锈钢等等。由于不锈钢具有优异的耐蚀性、成型性、相容性以及在很宽温度范围内的强韧性等诸多特点，所以在重工业、轻工业、生活用品行业以及建筑装饰等领域中得到了广泛的应用。

有些手表的外壳是用不锈钢材料制成的。

不锈钢在各个领域的应用

不锈钢可以应用在许多领域。在运输领域主要有铁道车辆和汽车的排气系统，用于排气系统的不锈钢全世界的年需求约100万吨，这是不锈钢最大的应用领域。近年来，建筑领域对不锈钢的需求急剧增长，主要用于屋顶、大楼内外装饰和结构材料。而在欧美的寒冷地区，为防止高速公路和桥梁的冻结需要撒盐，这就加速了对钢筋的腐蚀，所以开始大量使用不锈钢钢筋。新出现的抗菌不锈钢则是不锈钢家族中的新宠，它是在不锈钢中添加一些抗菌的元素，如铜、银等，经过特殊处理而成的。这种优良的抗菌自洁性预示着它的应用前景将非常广阔。

不锈钢水槽

人造纤维——尼龙

尼龙是一种树脂合成的塑料纤维，它具有耐磨、耐油性强、不易吸收水分的特点。尼龙的出现使纺织品的面貌焕然一新。20世纪30年代，美国杜邦公司在总部所在地公开销售尼龙丝长袜时引起轰动，被人们视为珍奇之物争相抢购，并用"像蛛丝一样细，像钢丝一样强，像绢丝一样美"的词句来赞誉尼龙。

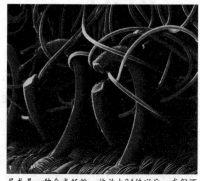

尼龙是一种合成纤维，被放大24倍以后，我们可以清楚地看到尼龙的内部结构。

尼龙制造的过程

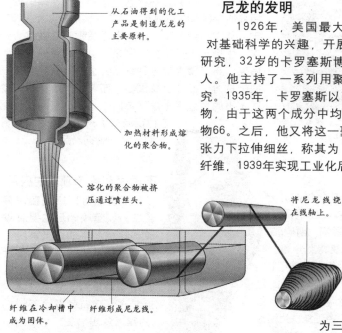

从石油得到的化工产品是制造尼龙的主要原料。

加热材料形成熔化的聚合物。

熔化的聚合物被挤压通过喷丝头。

将尼龙线绕在线轴上。

纤维在冷却槽中成为固体。

纤维形成尼龙线。

尼龙绳

尼龙的发明

1926年，美国最大的工业公司——杜邦公司出于对基础科学的兴趣，开展了有关发现新科学事实的基础研究，32岁的卡罗塞斯博士受聘担任有机化学部的负责人。他主持了一系列用聚合方法获得高分子量物质的研究。1935年，卡罗塞斯以己二酸与己二胺为原料制得聚合物，由于这两个成分中均含有6个碳原子，当时称为聚合物66。之后，他又将这一聚合物熔融后经注射针压出，在张力下拉伸细丝，称其为"纤维"。这种纤维即聚酰胺66纤维，1939年实现工业化后定名为耐纶（Nylon），这是最早实现工业化的合成纤维品种，也就是早期的尼龙。

尼龙的应用

尼龙纤维在柔韧性、弹力回复性和耐磨性、耐碱、抗酸方面均有极佳的表现。从用途上区分，尼龙纤维主要分为三大类：衣着用、产业用以及家饰用。其中产业用途占22%，家饰用途占50%，衣着用途只占28%。科技的发展也带动了尼龙产业的进步，近年来尼龙被广泛应用于飞机、火箭等高科技产业。尼龙的应用不仅降低了工业材料成本，更提高了使用性能，是其他材料所无法取代的。

华莱士·休姆·卡罗塞斯

卡罗塞斯是美国有机化学家，1896年4月27日出生于美国艾奥瓦州伯顿。1924年，他获得伊利诺伊大学博士学位。1928年，他应聘在美国杜邦公司设于威尔明顿的实验室中进行有机化学研究，主持了一系列用聚合方法获得高分子量物质的研究。1934年，他将一种化学溶液从细微的喷丝口中挤出，从而发明了尼龙。但他从来未曾意识到尼龙这项天才发明的潜在用途。

形状记忆合金

　　形状记忆合金是一种特殊的合金，它有一种不可思议的性质。这种合金经变形后，在一定条件下仍能恢复到变形前的形状。由镍和钛组成的合金就具有记忆能力，被称为NT合金。具有这种形状记忆效应的合金，除镍钛合金外，还有铜锌、金镉、镍铝等约20种合金，其中"记忆力"最好的是NT合金。

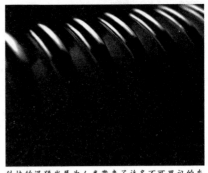

科技的迅猛发展为人类带来了许多不可思议的东西，就连金属也有了"记忆"。

在一定的条件下，被制成各种形状的记忆合金还能恢复原来的样子。

有"记忆"的合金

　　1958年，美国海军军械实验室研制成功一种镍钛合金。他们首先将一根镍钛缆绳弯曲成某种预想的形状（如弧形），加温后冷却，把它拉成直线，再次加温，发现这根缆绳又会恢复原来的形状。经过反复试验，结果都是一样。这说明镍钛合金表现出特有的记忆功能。这一发现，引起了科学家们极大的兴趣，他们对此进行了深入的研究，发现很多合金都有这种本领，他们把这种现象叫作"形状记忆效应"，将这种合金称为"形状记忆合金"。

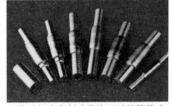

形状记忆合金制成的液压系统管接头

合金的记忆功能

　　为什么有些合金不"忘记"自己的原形呢？原来，这些合金都有一个特殊转变温度，在转变温度以下，金属晶体结构处于一种不稳定结构状态；在转变温度以上，金属结构是一种稳定结构状态。一旦把材料加热到转变温度以上，不稳定的晶体结构就转变成稳定结构，材料就恢复了原来的形状。

利用形状记忆合金的特性，科学家可以制作出人工心脏。

形状记忆合金的应用

　　已投入实用的形状记忆合金主要有镍钛、铜系和铁系合金。形状记忆合金最早被美国海军应用在F-14舰载战斗机油路连接系统中，用于制作管接头和紧固件。镍钛合金现在被用来制造人造卫星天线，这种天线可卷入卫星体内，当卫星进入轨道后，借助于太阳热能或其他热源能在太空展开。目前，形状记忆效应和超弹性已被广泛用于医学和生活各个领域。如制造血栓过滤器、脊柱矫形棒、接骨板、人工关节、人造心脏等等。此外，形状记忆合金还用于制造安全报警装置，制成小型固体热机用于能源开发等。特别是形状记忆合金的质轻、高强度和耐蚀性使它备受各个领域青睐。

紫外线

紫外线是太阳光谱中比紫光波长更短的辐射，是一种不可见光，在光谱中位于紫光之外。这一区域几乎没有热量，但可以引起光的化学反应，因此紫外线又有"光化学线"之称。按波长不同，紫外线可分为长波紫外线、中波紫外线和短波紫外线三部分。

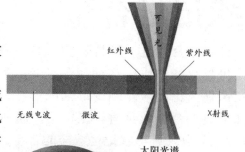

太阳光谱

紫外线的发现

1801年，德国研究太阳光谱的科学家里特利用氯化银溶液研究太阳光分解为七色光后，是否还有其他看不见的光存在。人们当时已知道，氯化银在加热或受到光照时会分解而析出银，析出的银由于颗粒很小而呈黑色。里特利就想通过氯化银来确定太阳光七色光以外的成分。他用一张纸片蘸了少许氯化银溶液，并把纸片放在日光下经棱镜色散后七色光的紫光的外侧。过了一会儿，他在纸片上观察到蘸有氯化银部分的纸片变黑了，这说明太阳光经棱镜色散后在紫光的外侧还存在一种看不见的光线，里特利把这种光线称为紫外线。

阳光中的紫外线会使人体产生维生素D，这种维生素具有防癌作用，也可防止婴儿患佝偻病。但是晒太阳的时间不要过长，以免晒伤。

紫外线的杀菌原理

紫外线在波长为240～280纳米的范围最具杀菌效能，尤其在波长为253.7纳米时杀菌作用最强。紫外线中的一段C频对摧毁对人体有害的细菌或病毒有极大的效用。

其杀菌原理是通过紫外线对细胞、病毒等单细胞微生物的照射，以破坏其生命中枢DNA（脱氧核糖核酸）的结构，使构成该微生物的蛋白质无法形成，使其立即死亡或丧失繁殖能力。一般紫外线在1～2秒钟内就可达到灭菌的效果。目前已证明，紫外线能够杀灭细菌、霉菌、病毒和单胞藻。

紫外线的危害

紫外线主要影响人的眼睛和皮肤。它能引起急性角膜炎、结膜炎和慢性白内障等眼疾，诱发皮肤癌。此外，紫外线辐射还会使各种有机材料和无机材料加速化学分解和老化；加速高分子聚合物质的老化过程，促使颜料和染料物褪色；海洋中的浮游生物也会因长时间的紫外线照射，使生长受到影响甚至死亡；紫外线辐射也是产生有害的光化学烟雾的重要因素。紫外线辐射对包括人在内的各种动植物的生理、生长和发育都会带来严重危害和影响，这应该引起人们的重视。为此，科学家提醒人们，应该注意紫外线辐射对人体的危害，并采取必要的防护措施。

在太阳的光线中，包含着可见光及不可见光，而紫外线属于其中的不可见光。

过强的紫外线会损伤人的眼睛，所以在阳光耀眼的户外最好带上太阳镜，以遮挡紫外线来保护眼睛。

液晶技术

一般的物质通常有固、液、气三种状态，但有些物质既表现出液体的某些性质，同时又表现出固体的某些性质。科学家把这种物质状态称为"液晶"。液晶只能存在于一定的温度范围之内，温度高于这个范围，就会熔解成普通的液体；温度低于这个范围，就凝固成普通的晶体。液晶是不稳定的，外界微小的影响都会引起液晶分子排列的变化，改变它的光学特性。液晶技术就是利用液晶的物理特性做成显示文字和图像的元件。

液晶被发现后，一直到20世纪60年代才被应用到显示器技术上。

液晶的发现

1888年，奥地利植物学家赖尼策尔首先观察到液晶。在研究一种胆固醇类物质的熔化过程中，他发现温度在145.5℃时，物质开始熔化，熔融液非常浑浊；当温度升高到178.3℃，熔融液则又变得清澈明亮。在经过多次重复实验后，赖尼策尔确信发现了一种新的物质形态——液晶。

液晶技术最先被应用在钟表的显示屏上。

液晶显示技术的发明

1961年，美国RCA公司普林斯顿试验室的电子学者海默亚将两片透明导电玻璃之间夹上掺有染料的向列液晶。当在液晶层的两面施以几伏电压时，液晶层就由红色变成了透明态。他意识到这是制作彩色平板电视的好材料，便立即开始研究。相继发现了液晶的动态散射和相变等一系列液晶的电光效应，并研制成功一系列数字、字符的显示器件，以及液晶显示的钟表、驾驶台显示器等实用产品。RCA公司对他们的研究极为重视，一直将其列为企业的重大机密项目，直到1968年，才在一项最新科技成果的广播报道中向世界宣布。

液晶显示技术的发展及应用

我们经常见到的手机、计算器、液晶显示器（简称LCD）都属于液晶产品。世界上第一台液晶显示媒体出现在20世纪70年代初，被称之为TN—LCD（扭曲向列）显示器。因其制造成本和价格低廉，所以尽管是单色显示，仍被推广到了电子表、计算器等领域。80年代，STN—LCD（超扭曲向列）显示器出现，同时TFT—LCD（薄膜晶体管）技术被提出，LCD技术进入了大容量化的新阶段，使便携计算机和液晶电视等新产品得以开发并迅速商品化。进入90年代，LCD技术发展开始进入高画质彩色图像显示的新阶段，TFT—LCD技术的进步促进了计算机技术的发展。如今，TFT—LCD已成为LCD发展的主要方向，今后它在LCD中所占的比重将会越来越大。

笔记本电脑上的显示屏就是用液晶制作的。

X射线

　　X射线也称伦琴射线，它是在高速电子流轰击金属靶的过程中产生的一种波长极短的电磁辐射。由于X射线是不带电的粒子流，所以不受电磁场的作用，它沿直线传播，并能穿透普通光线所不能穿过的致密物体。这种具有极短波的电磁辐射具有在荧光屏或照相底片上成像的特性。X射线的发现是19世纪末20世纪初物理学的三大发现(X射线、放射线、电子)之一，这一发现标志着现代物理学的产生。

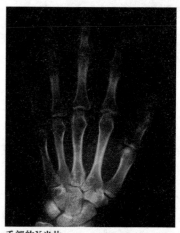

手部的X光片

轰动世界的新射线——X射线的发现

　　1894年11月8日，德国物理学家伦琴将阴极射线管放在一个黑纸袋中，关闭了实验室灯源，他发现当开启放电线圈电源时，一块涂有氰亚铂酸钡的荧光屏发出了荧光。伦琴用一本厚书、2～3厘米厚的木板或几厘米厚的硬橡胶插在放电管和荧光屏之间，仍能看到荧光。他又用其他材料进行实验，结果表明它们也是"透明的"，铜、银、金、铂、铝等金属只要不太厚也能让这种射线透过。伦琴意识到这可能是某种特殊的从来没有观察到的射线，它具有极强的穿透力。他经过彻底研究，确认这的确是一种新的射线，伦琴称其为X射线。1895年12月22日，伦琴为他夫人拍下了第一张X射线照片。

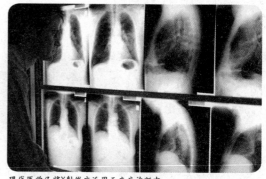

现代医学已将X射线广泛用于疾病诊断中。

对医学的贡献——X射线诊断装置的发明

　　由于X射线具有强大的穿透力，能够透过人体显示骨骼，于是人们首先将它应用于骨折的诊断、异物检查等方面。因此X射线迅速被医学界广泛利用，成为透视人体、检查伤病的有效医疗工具。早期医院中的X光诊断装置发出的X射线非常微弱，为了得到清晰的照片，要曝光一个小时以上，而且人体长时间照射X射线也具有一定危险性。1913年美国物理学家克里吉制作出与今天基本相同的X射线管。这是一种经过改进的阴极射线管，大大缩短了曝光时间。X射线透视检查不仅缩短了诊断骨折、异物的时间，还为发现肺病做出了很大的贡献。此后，法国人西卡尔使用了一种能用于检查子宫和椎管的造影剂。葡萄牙人莫尼兹制出了一种为动脉、静脉血管等进行X射线透视的水溶性造影剂，使X射线的应用范围得到扩展。在相当长的一段时期，X射线诊断仪成为医院中最重要的医疗仪器。

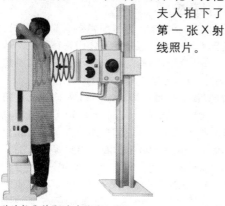

胸透视是利用X光在荧屏上显示人体内部结构的医疗检查手段。

增强X射线

　　X射线在显示骨骼畸形方面是非常有效的，但是它在显示人体软组织器官和血管方面却不怎么出色。因为在大多数情况下，X射线会直接穿过这些组织而不显示痕迹。因此从1905年到1962年，科学家们研发了一整套技术，在进行X射线照射之前，用射线透不过的物质（能阻止X射线穿透的液体）来填充软组织和各种管道。这种使X射线"增强"的技术使器官变得显而易见。1962年，冠状动脉X射线摄影法诞生了，它在心脏病的诊断中被证明是极为有效的。

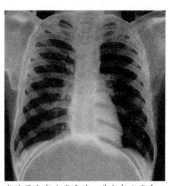

光片黑色部分代表肺，黄色部分代表心脏，粉红色的条纹代表一部分脊椎骨和肋骨，绿色代表腹膜和锁骨。

X射线对科学界的重要影响

　　X射线的发现对自然科学的发展有极为重要的意义。许多科学家投身于X射线和阴极射线的研究，从而导致了放射性、电子以及α、β射线的发现，为原子科学的发展奠定了基础。同时，由于科学家探索X射线的本质，发现了X射线的衍射现象，并由此打开了研究晶体结构的大门。在研究X射线的性质时，人们还发现X射线具有标识谱线，其波长有特定值和X射线管阳极元素的原子内层电子的状态有关，由此可以确定原子序数，并了解原子内层电子的分布情况。此外，X射线的性质也为研究波粒二象性提供了重要证据。

伦琴设计的X射线分光计，它可以度量X射线的准确波长。

并不完美的X射线

　　X射线被人体组织吸收后，对健康是有害的。一般晶体X射线衍射分析用的软X射线（波长较长、穿透能力较低）比医院透视用的硬X射线（波长较短、穿透能力较强）对人体组织伤害更大。轻的造成局部组织灼伤，如果长时期接触，可能造成白血球下降，毛发脱落，发生严重的射线病。但若采取适当的防护措施，上述危害是可以防止的。最基本的一条是防止身体各部位（特别是头部）受到X射线照射，尤其是受到X射线的直接照射。非必要时，人员应尽量离开X光实验室。室内应保持良好通风，以减少由于高电压和X射线电离作用产生的有害气体对人体的影响。

X射线的发现者——伦琴

威廉·康拉德·伦琴

　　1845年3月27日，伦琴出生于德国里乃堡。3岁时全家迁居荷兰并入荷兰籍。1865年伦琴进入苏黎世联邦工业大学机械工程系。1869年，获哲学博士学位。受老师昆特教授的影响，转而从事物理学的研究。伦琴在50年的研究工作中，一共发表了五十多篇论文。他无条件地把X射线的发现奉献给全人类，自己没有申请专利。1901年，首届诺贝尔物理学奖授予伦琴，以表彰他在发现了X射线。1923年，伦琴因癌症去世。为了永久纪念这位伟大的物理学家，国际学术界做出决定，用"伦琴"来命名X或γ射线的照射量单位。

电子计算机

　　电子计算机也叫"电脑"，是一种能够自动、高速、精确地进行各种数值计算、信息存储、过程控制和数据处理的电子机器。早期的计算机主要应用在科学领域，因为科学上有许多繁杂的计算题，人工计算要用好几年，用电子计算机来算则只要几个小时。从第一台电子计算机到现在，计算机技术已有了很大进步，而且它已开始进入普通家庭。

计算机发明以后逐渐成为人类生活不可缺少的重要部分。

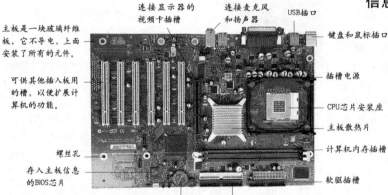

主板是一块玻璃纤维板，它不导电，上面安装了所有的元件。

连接显示器的视频卡插槽

连接麦克风和扬声器

USB插口

可供其他插入板用的槽，以便扩展计算机的功能。

键盘和鼠标插口

插槽电源

CPU芯片安装座

主板散热片

计算机内存插槽

螺丝孔

存入主板信息的BIOS芯片

软驱插槽

供内部时钟用的电池

IDE功能扩展槽

计算机主板的结构示意图

"苹果"Ⅱ型计算机

信息时代的开始——电子计算机的发明

　　1946年，美国著名数学家、计算机科学家冯·诺伊曼发明了世界上第一台数字式电子计算机ENIAC。1944年，诺伊曼作为洛杉矶原子弹研制组的成员之一，在美国阿拉莫斯实验室工作。核武器设计需要大量的数字计算，为此，他中途加入到"埃尼阿克"计算机的研制小组中。1945年，他提出了"程序内存式"计算机的设计构想。这一构想为电子计算机的逻辑结构设计奠定了基础，成为计算机设计的基本原则。冯·诺伊曼发明的电子计算机采用二进制系统，奠定了现代电子计算机的计算模式，因而人们称冯·诺伊曼为"现代电子计算机之父"。

电子计算机的基本构造

　　电子计算机是由硬件和软件两部分所组成。硬件是计算机系统中所使用的电子线路和物理设备，是看得见、摸得着的实体，如中央处理器（CPU）、存储器、外部设备（输入输出设备等）及总线等。软件是对能使计算机硬件系统高效率工作的程序集合，主要通过磁盘、磁带、程序纸、穿孔卡等存储。可靠的计算机硬件如同一个人的强壮体魄，有效的软件如同一个人的聪颖思维。

电子计算机的种类

现在，计算机的体积越来越小、容量越来越大、速度越来越快、价格越来越低、准确性越来越高，而且种类繁多。按用途分为：通用性计算机（应用范围较广泛，适用于科学研究、商业数据处理以及工程设计等领域）和特殊计算机（根据特殊目的而设计的计算机，例如飞弹导航、飞机的自动控制以及冷气机的温度控制等）；按功能、价格、速度及容量分为：超大型计算机（国防军事之用）、大型计算机（大型企业使用）、中型计算机（中小型企业办公使用）、迷你计算机（飞航管制、卫星地面接受站）、微型计算机，又称个人计算机或家用计算机（适于日常生活小量处理）。

计算机市场的瞬息万变不仅表现在内存上的飞速变化，显示器外型也日趋完美。

计算机的发展

计算机自诞生以来经历了四个发展阶段。第一阶段是从1946年到50年代末，以电子管为主要应用元件，通常用于科学计算，所研制的都是单机系统。第二代是从20世纪50年代末到60年代中期，以晶体管为主要元件，应用领域扩大到数据处理和工业控制方面，计算机开始向系列化方向发展。第三代是从20世纪60年代中期到70年代初，以中、小规模集成电路为主要元件，机种多样化，外部设备不断增加，软件功能进一步完善，广泛运用于各个领域。第四代即目前被广泛使用的计算机，采用大规模集成电路和半导体存储器。其系统已向网络化、开放式、分布式发展，正发挥着巨大的经济和社会效益。而在未来的信息社会中，计算机将采用超大规模集成电路及其他新的物理器件为主要元件，能处理声音、文字、图像和其他非数值数据，并有推理、联想和学习、智能会话和使用智能库等人工智能方面的功能。

计算机病毒

计算机病毒实际上是一种程序，它们能把自身附着在各种类型的文件上。当该文件从一个用户传送到另一个用户时，它们就随同文件一起蔓延开来。当你看到病毒载体似乎仅仅表现在文字和图像上时，它们可能已经毁坏了文件、格式化了你的硬盘驱动或引发了其他类型的灾害。计算机病毒之所以称为病毒是因为其具有传染性，其传染渠道主要是通过使用已被感染的软盘（例如来历不明的软件、游戏盘等）；通过硬盘传染也是重要的渠道，而通过网络传播的病毒是传染扩散最为迅速的，能在很短时间内传遍网络上所有的机器。

便携式电脑的出现，让人们使用电脑不再受空间的局限。

触摸屏的奥秘

公共场所的触摸屏电脑已越来越多。这种用于电脑控制的触敏技术有两种研制模式。首先，可将屏幕制成传感器，并将触动转换为电信号。触敏屏幕系统被广泛应用于自动付款机，以及其他需要简易操作的设备。其次，利用塑料触板作为传感器。现在这种触板已经成为许多笔记本电脑的标准部件。通过手指在矩形触板上的划动，可使屏幕上的光标完全遵循同样的路线移动。大多数图形输入触板都是通过手指的划动来改变触板线路中的电荷分布，从而导致电信号发生变化的。

激光

　　某些物质原子中的粒子受光或电的激发，由低能级的原子跃迁为高能级原子，当高能级原子的数目大于低能级原子的数目，并由高能级跃迁回低能级时，就放射出相位、频率、方向等完全相同的光，这种光叫作激光。

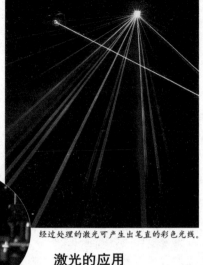

经过处理的激光可产生出笔直的彩色光线。

激光的诞生

　　1916年，爱因斯坦提出了"受激辐射"理论。在这个理论中首次提到了"激光"这个概念。1951年，美国的物理学家汤恩斯在美国华盛顿召开的物理学会议上，提出了利用受激辐射放大微波的构想，从而为激光器的发明奠定了理论基础。1960年7月，美国科学家梅曼博士，在前人的科研基础上，在实验室里制造出了世界上第一台激光器——红宝石激光器，标志着激光的诞生。

激光技术在工业上用途广泛。

激光器

激光的应用

　　激光主要应用在生活与军事两大方面。在生活中的应用有：医疗、机械工程、生物工程、化学工程、基因工程等领域都已广泛使用激光技术。在军事上的应用主要有：激光的侦察与测量，即利用激光的特性制造出激光的侦察与测量仪器，例如激光雷达、激光测距仪、激光卫星等；激光制导，即用来控制飞行器飞行方向，或引导武器击中目标的一种激光技术，激光制导与其它制导种类相比，具有结构简单、作战实效成本低、抗干扰性能好、命中精度高等优点；激光通信，即以激光为载体来传递信息的一种通信方式；激光武器，即利用激光能量摧毁目标或使其丧失战斗能力的新型武器。

激光的特点

　　与普通光相比，激光具有亮度高、方向性好、单色性好、相干性好的特点。普通光是自发辐射光，不会产生干涉现象。激光则不同于普通光源，它是受激辐射光，具有极强的相干性，所以又称为相干光。激光不同于普通光的特点使其开辟了经典光学前所未有的应用前景。

激光具有单色性、稳定性等突出特点。

机器人

"机器人"能帮助人们干很多事情。随着科技的发展，人们将制造出更加先进的智能机器人。

机器人是一种自动化的机器。比较特别的是，这种机器具备一些与人或生物相似的智能能力，如感知能力、规划能力、动作能力和协同能力，是一种具有高度灵活性的自动化机器。它由电子计算机控制，能代替人做某些工作。机器人技术综合了多学科的科研成果，它在各个应用领域的不断扩大，引起人们重新认识机器人技术对人类生活的作用和影响。

万能的"人类"——机器人的发明

机器人的历史并不算长。1959年，美国人英格伯格和德沃尔联手制造出世界上第一台工业机器人，机器人的历史才真正开始。这种机器人能够按照程序进行工作，可以根据不同的工作需要编制不同的程序，具有通用性和灵活性。因此，它成为世界上第一台真正的工业使用机器人。

手指可以拿起物体

机器人的手腕可以上下或左右弯曲

机器手臂

机器人技术的发展

随着人们对机器人技术智能化本质认识的加深，机器人技术开始不断地向人类活动的各个领域渗透。结合这些领域的应用特点，人们研发了各式各样的具有感知、决策、行动和交互能力的特种机器人和各种智能机器人。对不同任务和特殊环境的适应性，也是机器人与一般自动化装备的重要区别。这些机器人从外观上已远远脱离了最初仿人型机器人和工业机器人所具有的形状，更加符合各种不同应用领域的特殊要求，其功能和智能程度也大大增强了，从而为机器人技术开辟出更加广阔的发展空间。

机器人的分类

机器人从应用环境出发分为两大类，即工业机器人和特种机器人。所谓工业机器人就是面向工业领域的多关节机械手或多自由度机器人。而特种机器人则是除工业机器人之外的、用于非制造业并服务于人类的各种先进机器人，包括：服务机器人、水下机器人、娱乐机器人、军用机器人、农业机器人、机器人化机器等。在特种机器人中，有些分支发展很快，有自成体系的趋势，如服务机器人、水下机器人、军用机器人、微操作机器人等。

会跳舞的机器人

因特网

因特网又称国际计算机互联网，是目前世界上影响最大的国际性计算机网络。它也是一个国际性的通信网络集合体，融合了现代通信技术和计算机技术，集各个部门、领域的各种信息资源为一体，从而构成网上用户共享的信息资源网。它的出现是世界由工业化走向信息化的必然和象征。

因特网共享的信息是数字的。

共享世界文明——因特网的诞生

1969年12月，在美国国防部高级计划局的资助下，科学家们第一次成功地将4台电脑通过通信线路连接起来。这是世界上第一个电脑网络，简称ARPA网络。1972年，ARPA网首次与公众见面，由此成为现代计算机网络诞生的标志。ARPA网为因特网的形成奠定了理论基础。1980年，随着技术上的发展和完善，拉开了建立全球电话电脑网的序幕，全世界越来越多的电脑开始通过电话线被连接起来，组成了一个人类有史以来最大的机器网络。这就是国际互联网络，也就是因特网。

因特网利用通信线路，将分布世界各地的计算机连接起来。

宽带技术使人们真正体会到了网上冲浪的乐趣。

因特网的发展

随着社会、科技、文化和经济的发展，特别是计算机网络技术和通信技术的快速发展，人们对开发和使用信息资源越来越重视，这促进了因特网的发展。在因特网上，按从事的业务分类包括了广告公司、航空公司、艺术、导航设备、书店、化工、通信、计算机、咨询、娱乐、财贸、各类商店、旅馆等100多类，覆盖了社会生活的方方面面，构成了一个信息社会的缩影。因特网为我们开拓了一个更新的空间，它正迅速成为人们日常生活中的必不可少的一部分。

网络已广泛应用于办公领域，使两地之间的联系变得更加快捷直观。

因特网的特点

因特网具有两个重要的特点：一是大。随着微型电脑的迅猛发展和普及，因特网已经基本覆盖全球各个国家和地区，而且仍在逐年递增。2004年全球互联网使用增长速度最快的国家排名中，丹麦名列第一。二是规范统一。因特网统一遵守TCP/IP网络协议，为各种应用的开发提供统一的"平台"，更由于网上有极丰富的信息资源可以共享，因而无论是政府、企事业单位、团体、家庭，直到个人，都在不断掀起上网的热潮。

印刷术

印刷是把文字、图画等内容做到版上，涂上油墨，印在纸张上的工艺方法。近代印刷使用各种新型印刷机。印刷是表达及传递人类思想的重要手段之一。中国古代的印刷术为手工操作，多用毛刷蘸墨涂刷在印版上，然后放上纸，再用干净的毛刷在纸背上轻轻刷过，所以叫作"印刷"。

泥活字印版示意模型

印刷术的发明

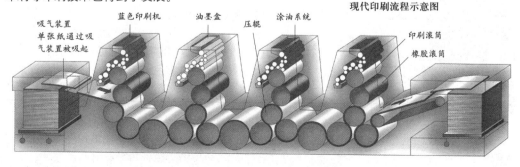

现代化的全自动印刷每小时可以印制上千册杂志。

在中国的隋唐时期，随着社会经济、文化的发展，人们对书籍的需求量不断增加，在这种情况下，雕版印刷术问世了。雕版印刷是将文字、图像雕刻在平整的木板上，再在版面上刷上油墨，然后在上面覆上纸张，用干净的刷子轻轻刷过，使印版上的图文清晰地转印到纸上的工艺方法。到了北宋时，平民毕昇首创了活字印刷术。活字印刷术就是预先制成单个活字，然后按照付印的稿件，捡出需要的字，排成一版而进行印刷的方法。采用活字印刷，一书印完之后版可拆散，单字仍可再用来排其他的书版。活字印刷节省了雕版费用，缩短了出书时间，既经济，又方便。从此，印刷技术进入了一个新的时代——活字版印刷时代。活字印刷术发明后，经过不断改进，逐渐成为世界范围内占统治地位的印刷方式。

印刷术的发展

印刷术按其在工艺技术发展上的阶段性，可划分为古代、近代、现代几个时期。其中，"古代"为印刷术的手工操作时期。内容包括中国传统的雕版印刷、活字印刷、套版印刷的应用和发展。时间为6世纪末到19世纪初，时跨一千二百余年。"近代"是印刷术的机械操作时期。内容包括以平印、凸印、凹印为主的西方近代印刷术的传入和发展。时间上恰处中国近代前后，大约在19世纪初到20世纪70年代。"现代"为印刷术以电子控制为主的自动化控制时期。内容包括电子排版、电子分色、电子雕版，辅以由电子控制的平版印刷和装订自动化。时间上起于20世纪70年代，现仍在蓬勃发展中。此外，软凸版印刷、孔版印刷、静电印刷和喷墨印刷等印刷技术也得到了发展。

现代印刷流程示意图

吸气装置
单张纸通过吸气装置被吸起

蓝色印刷机　油墨盒　压辊　涂油系统

印刷滚筒

橡胶滚筒

电池

电池是把化学能或光能等变成电能的装置。如手电筒用的干电池，人造卫星上用的太阳能电池等。电池是人类的一个重要的发明，它能根据人类的需要，随时随地为人类带来光明和动力。

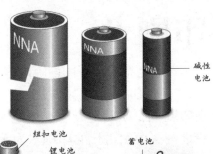

碱性电池

纽扣电池

锂电池

蓄电池

各式各样的电池

能随身携带的电——电池的发明

1800年3月20日，意大利物理学家伏打宣布，他经过多年研究，发明了一种能够持续放电的装置——伏打电堆，从而轰动了整个科学界。伏打经过大量的试验发现，用纸板把锌、铜两极隔开，浸在酸溶液中，就能从两极中获得较大的电压。单个的电极产生的电压不足，他又进一步把若干个相同的电极堆起来，形成高压，这就制成了"电堆"。这是第一个人造的化学电池，它首次为人类提供了稳定而连续的电流。

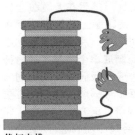

伏打电堆

既是天使也是魔鬼——电池的危害

随着日常生活中电子产品的增多，电池的使用量也越来越大，人类不得不开始面对电池污染所带来的环境问题。电池从生产到废弃，时刻都潜伏着污染的危险。电池中多含铅、汞及其他重金属，这些都会造成地下水和土壤的污染，日积月累会严重损害人类的健康。电池污染的周期长、隐蔽性大，处理不当还会造成二次污染。因而，电池的安全回收势在必行！

电池的用途

电池发明后，作为一种便携式的恒稳发电设施，被广泛地应用在人类生活和工作的每一个角落。从照相机、录音机、计算器，到手机、电子辞典和掌上电脑，无一不与电池息息相关。中国是干电池的生产和消费大国，一年的产量达150亿只，居世界第一位。

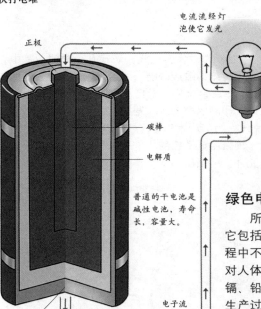

电流流经灯泡使它发光

正极

碳棒

电解质

普通的干电池是碱性电池，寿命长，容量大。

负极

电子流

电池的结构及原理

绿色电池

所谓绿色电池，就是指符合环保要求的电池，它包括两方面的含义：不采用含毒成分的材料；生产过程中不污染环境（通常电池是密封的，在使用过程中对人体无害）。干电池中含有的汞、镍镉电池中含的镉、铅酸，蓄电池中的铅等都有毒，因此这些电池在生产过程中或是废弃以后，都将带来环境污染。而干电池中的无汞电池、可充电池中的氢镍电池及锂离子电池均为无污染电池，被称为绿色电池。

避雷针

避雷针是在高层建筑物顶端安装的一根金属棒，它用金属线与埋在地下的一块金属板连接起来，利用金属棒的尖端放电，使云层所带的电和地上的电逐渐中和，使建筑物免遭雷击。

建筑物的保护神——避雷针的发明

在中国的汉朝时期，房屋顶上就设置了一种鱼尾开头的瓦饰，作避雷之用，可以说是现代避雷针的雏形。1752年，美国科学家富兰克林制作了世界上第一根现代避雷针。他用科学实验证明了闪电就是静电高压放电现象。富兰克林认为，如果将一根金属棒安置在建筑物顶部，并且以金属细线连接到地面，那么所有接近建筑物的闪电都会被引导至地面，而不至于损坏建筑物。

高层建筑物上都要安装避雷针以防意外。

避雷针的原理

避雷针由接闪器、引下线和接地装置三部分组成。接闪器就是大家通常所说的"避雷针"，通过引下线和接地装置与大地相连。由于"尖端放电"，大地被感应出的电荷最易沿着避雷针向上形成放电，避雷针高高耸立，高于被保护的所有物体，与雷云的距离最近，而且与大地有良好的电气连接，所以雷云与避雷针附近空间的电场强度相对较大，空气也最容易被击穿，避雷针比较容易吸引雷电，使主放电集中在它的上面，雷电流通过避雷针提供的放电通道泄放入地。这样，雷击虽然还是发生了，但总是击向避雷针，而不是击向要保护的物体，所以避雷针相当于是引雷针。它将雷电吸引至自身，使雷电流通过引下线至接地装置而泄放大地，从而使保护对象免遭雷击。

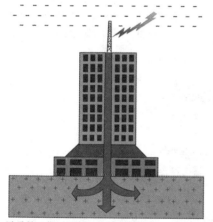
避雷针工作原理图
雷电击中避雷针后，电流沿着金属线传入地下。

本杰明·富兰克林

本杰明·富兰克林是美国18世纪仅位于华盛顿之后的最著名人物。他17岁时，就独自到费城，走过了一段艰辛的谋生之路。富兰克林注意观察自然现象，研究科学问题。1752年，他发明了挽救了许多人和财物的避雷针。富兰克林一生还做过许多公益事业，他出色的辩才以及外交才能得到人们的承认，曾代表北美殖民地与英国、法国谈判，并参加了《独立宣言》的起草。

在高压电线附近的雷电会造成电线短路。

纺织

　　纺织是把棉、麻、丝、毛等纤维纺成纱或线织成各种衣物的技术。最初，远古的人类穿着用动物毛皮做成的衣服。但在几千年前，人们想出了如何纺线去制作纺织品的方法，这成为人类进入文明阶段的一个重要标志。

经过纺纱和染色处理后的丝线用于织布。

近代纺织工业的重大发明

　　随着社会的前进，纺织技术在以往的基础上快速发展起来。1733年，英格兰工匠凯伊发明了飞梭，大大加快了织布的速度。1765年，木匠哈格里夫斯发明了"珍妮纺纱机"，提高了纺纱效率。经过不断加以改进，"珍妮纺纱机"很快就代替了旧式的纺纱机。1769年，钟表匠出身的阿克莱特发明了比珍妮纺纱机更省力、效率更高的水力纺纱机。到了1779年，工人克伦普顿综合了上述纺纱机的优点，发明了功效更好的"骡机"。纺纱技术革新的同时也带动了织布技术的改进。

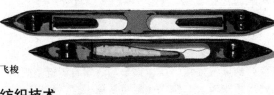

飞梭

纺织品的用途

　　纺织品可以制成服装、毛毡、毛毯、麻袋等日常生活用品。纺织品能够保暖，是因为纺织物的线与线之间的空隙能容纳空气，而空气有绝缘作用，可以阻止人体热量散失。织得结实的合成纤维坚韧而有弹性，是制造背包、船帆及降落伞的理想材料。

　　有些纺织品像盔甲一般坚硬，如卡夫拉纤维，可以用来制作防弹衣。

松散的棉花

棉花被清洗、捶薄

棉花纤维

棉花纤维垫

梳理棉花

棉绳

棉花旋转器

最后加工好的棉线

用棉线来织成布匹，再把布匹制成衣服。

纺织工艺原理示意图

纺织技术

　　人类纺织技术的历史可以追溯到约12000年前人类驯养动物的时代。那时的人们把羊毛搓成蓬松的毛线，用以编织成各种衣物。棉花等植物纤维被发现后，人们的纺织技术也跟着不断发展。现代纺织技术能将天然纤维和合成纤维加以很好的技术处理，制作出更加精美的纺织品。

经过印染处理后的纺织品

安全电梯

　　电梯是垂直运行的电梯、倾斜方向运行的自动扶梯、倾斜或水平方向运行的自动人行道的总称。现在，电梯已成为人们生活中广泛使用的人员运输工具。人们对电梯安全性、高效性、舒适性的不断追求推动了电梯技术的进步。

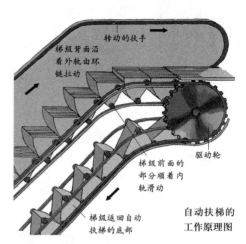

转动的扶手

梯级背面沿着外轨由环链拉动

驱动轮

梯级前面的部分顺着内轨滑动

梯级返回自动扶梯的底部

自动扶梯的工作原理图

安全电梯的发明

　　19世纪初，在欧美地区出现了使用蒸汽机做动力的升降工具。1845年，英国科学家威廉·汤姆逊研制出了一台液压驱动的升降机。尽管升降工具被工程师们不断改进，然而被工业界普遍认可的升降机仍未出现。直到1852年，美国技工奥蒂斯发明了世界上第一台安全升降机。其后他创建了奥蒂斯电梯公司。1889年，升降机开始采用电力驱动，真正的电梯出现了。

如今，人们要求电梯既可靠又快速。

普及绿色电梯

　　随着社会经济、环境的不断发展和改善，人们对生存环境的质量要求也越来越高，希望身边的一切事物都能尽善尽美，就连电梯也不例外。人们要求电梯可以节能、减少油污染、电磁兼容性强、噪音低、寿命长、采用绿色装潢材料、与建筑物协调等。甚至有人设想在大楼顶部的机房安装利用太阳能作为电梯补充能源的设备。人们这些美好的愿望在科研人员的努力下，很快就能实现。

公共场所的自动扶梯

乘着电梯去太空

　　2000年，美国国家宇航局（NASA）描述了建造太空电梯的设想：首先需要极细的碳纤维制成的缆绳，并能延伸到地球赤道上方3.5万千米。为使这条缆绳突破地心引力的影响，太空中的另一端必须与一个质量巨大的天体相连。这一天体向外太空旋转的力量与地心引力抗衡，将缆绳紧绷，允许电磁轿厢在缆绳中心的隧道穿行。如果这个电梯建成，那么普通人登上太空的梦想将有望实现。

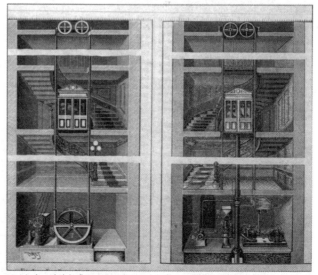

19世纪末，升降机常见于办公室和套房公寓里。电动的（左）和液压的（右）两种机械装置都用于推动升降机箱。

照相机

　　照相技术发明以来，为了使其更好地服务于大众，获得更加完美和理想的照片，发明家们不断地将光学、机械学、电学、计算机等技术有机地结合在一起并应用在照相机上。可以说，一部照相机的发展史，就是一部人类不断追求完美的历史。

早期照相机

留住精彩瞬间——照相机的发明

　　1839年，法国画家达盖尔无意中发现用碘处理过的金属板具有感光性，并从中得到启发，发明了感光材料。一次偶然的发现，让达盖尔即见到水银蒸发造成了底片显像的现象，从而解决了显影问题。后来，达盖尔又解决了定影问题，基本掌握了照相的所有基本技术。因此，达盖尔是人们公认的照相机的发明者。

普通的调焦相机

照相机的工作原理及发展

　　一架照相机基本包括机体、镜头和快门等几个部分，在使用时还要加装胶片。照相机在工作时，镜头把被摄景物成像在胶片位置上，通过控制快门的开闭，胶片即被曝光而形成潜影，从而完成一次拍照。早期的照相机，由于采用手工生产，所以价格昂贵，数量不多，也很笨重，使用起来很不方便。后来，干版的发明使照相机便于携带，而胶卷的出现不仅使携带变得更为方便，而且推动了普及型相机的批量生产，照相机的价格也逐步降低。原来只有少数人使用的照相机，开始面向大众。1891年，美国伊斯曼柯达公司开始出售胶卷，并主要从事生产操作简单、性能良好的普及型照相机，使照相机的发展日益趋向平民化。

适合现代相机使用的胶卷

新型的数码照相机

数码相机的工作原理

　　随着电子技术和计算机技术的发展，数码相机出现并迅速发展起来。1988年，富士和东芝公司发布了共同开发的富士克斯数码静物相机DS-IP，这是第一款数码相机。数码相机是用一种特殊的半导体材料来记录图片，这类特殊的半导体叫作电荷藕合器，简称CCD。它是由数千个独立的光敏元件组成，这些光敏元件通常排列成与取景器相对应的矩阵。外景像所反射的光透过镜头照射在CCD上，并被转换成电荷，每个元件上的电荷量取决于它所受到的光照强度。当你按动数码相机上的按键，CCD将各个元件的信息传送到一个模数转换器上，模数转换器将数据编码后送到RAM中，此时即可看到一张完整数码相片。

电冰箱

电冰箱是用来保持物品低温，从而达到保鲜目的的电器。很多家庭用电冰箱储存新鲜食物（有时也储存一些冷藏食物）。电冰箱的个体大小差异很大，有家用的迷你式小冰箱，也有用于长途保鲜运输的巨型电冰箱。

电冰箱已经成为现代家庭中不可或缺的电器之一。

有些家庭已经开始使用智能型冰箱。

电冰箱的诞生

1748年，英国人卡伦进行了世界上第一次人工冷藏示范，但他并没有把这项发明付诸实际应用。实用的压缩制冷电冰箱在19世纪中期制成，使用的冷冻剂是氨。但氨有毒性，如果泄漏出来，还有腐蚀性。进入20世纪后，制冷技术日渐成熟。1910年，出现了蒸汽喷射式制冷机。1913年，世界上第一台真正意义上的电冰箱在美国芝加哥诞生。此后，电冰箱开始逐渐地进入人们的生活中。

电冰箱的冷藏温度

电冰箱内部有个感温器件，能自动控制温度。一般电冰箱分为单门和双门双温两种。单门冰箱上部为冷冻室，温度一般可在−4℃左右；下部为多层冷藏室，温度在0℃以上。双门双温冰箱分大小两个门，小门专控冷冻室，温度可到−15℃~−18℃。大门控制冷藏室，温度一般在0℃~8℃之间。根据国际标准规定，冷冻室的温度达−24℃以下的定为四星级；−18℃以下为三星级。放到里面的冷冻食品可保存三个月以上。冷冻室温度在−12℃以下，定为二星级，食品保存期为1个月以上；−6℃以下的为一星级，保存期在1周以上。

电冰箱制冷原理图

在压缩制冷的电冰箱里，冷冻剂由泵推动，沿着一组环行的管道循环流动。

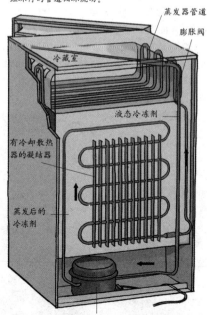

蒸发器管道
膨胀阀
冷藏室
液态冷冻剂
有冷却散热器的凝结器
蒸发后的冷冻剂
压缩机及电动机

电冰箱的工作原理

电冰箱由箱体、制冷系统、控制系统和附件构成。在制冷系统中，主要组成有压缩机、冷凝器、蒸发器和毛细管节流器四部分，自成一个封闭的循环系统。其中蒸发器安装在电冰箱内部的上方，其他部件安装在电冰箱的背面。系统里充灌了一种叫"氟里昂12（CF_2C_{12}，国际符号R_{12}）"的物质作为制冷剂。R_{12}在蒸发器里由低压液体汽化为气体，吸收冰箱内的热量，使箱内温度降低。变成气态的R_{12}被压缩机吸入，靠压缩机做功把它压缩成高温高压的气体，再排入冷凝器。在冷凝器中，R_{12}不断向周围空间放热，逐步凝结成液体。这些高压液体必须流经毛细管，节流降压才能缓慢流入蒸发器，在蒸发器里继续不断地汽化，吸热降温。如此周而复始不断地循环，以达到制冷目的。

电影

　　电影是一门综合艺术，人们习惯把它称为继文学、戏剧、绘画、音乐、舞蹈、雕塑之后的"第七艺术"。电影既利用科学技术的成果，也吸收前六门艺术的艺术成分和表现手法，具有自己的独特性质和艺术效果，成为一个独立的艺术门类。电影是人类伟大的发明。从诞生之日起，由无声到有声，由黑白到彩色，到现代技术的引入使用，电影走过了百年发展历程。

取景器
供片盘
可换镜头
滤光镜架
收片盘
光圈
曝光窗

**电影摄影机
的基本结构**

镜头罩

电影摄影机

　　电影摄影机是20世纪最为成功的进步技术之一，它是电影这门艺术的支柱。电影摄影机和照相机一样有镜头、光圈和快门。与照相机不同的是，摄影机上的胶片移动和快门动作必须精确协调，使每幅图像间隔相同的时间得到正确曝光。摄影机把画面用每秒24幅的速度拍摄，并以同样的速度投射到银幕上，就会让人产生了动态的幻觉。电影摄影机的结构一般分为片盒、传动系统、片门与爪头、快门、观景窗、镜头和镜座等部分。电影摄影机的类型根据特殊和特技摄影的要求又分高速摄影机、立体电影摄影机、全景电影摄影机等。

电影的诞生

　　1872年，美国富翁利兰德·斯坦福与人打赌说马跑的时候是两个蹄子落地的。为了证明自己是对的，斯坦福投入巨资购买拍摄设备，一切准备好后，就开始让马在跑道上奔驰，在马蹄踢断跑道上的绳子的一刹那拉动快门，将马跑的姿态摄入镜头。连续观看拍摄下来的画面，骏马奔跑的姿态就生动地还原了。这可以说是世界上最早的电影片断。1888年，美国发明家爱迪生研制了一台被称为活动电影的摄影机。这种摄影机能在一条约15米长的胶片上，拍摄出600多幅连续画面，可记录约1分钟的景物。1895年，法国里昂照相器材厂的路易·卢米埃尔与其兄奥古斯特·卢米埃尔总结了前人的经验，又经过自己的创造，于1894年发明了世界上第一架比较完善的手提式"活动影戏机"。1895年12月28日下午，卢米埃尔兄弟在巴黎卡普率路第一次公开售票向公众公映了他们用纪实手法拍摄的第一批短片。后来1895年12月28日就被定为电影的生日。

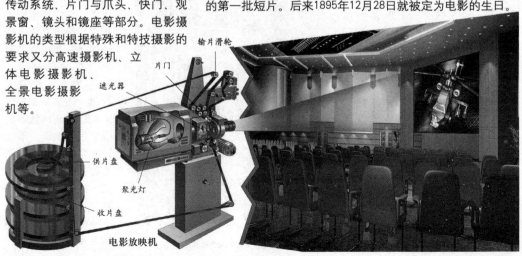

输片滑轮
片门
遮光器
供片盘
聚光灯
收片盘

电影放映机

电影的发展

电影从黑白、无声到有声、彩色，又从小银幕到立体电影、宽银幕电影，再到数字电影，不断进行着技术革新与改造。目前，许多电影仍用能把影像记录到胶卷上的摄影机来拍摄。胶卷冲洗之后，再用放映机来播放。而在放映数字电影的时候，可以用数码放映机来放映，也可以把数码影像转置到传统的胶片上通过放映机放映。数字电影既可以避免出现胶片因光源照射导致的老化、褪色，确保影片永远光亮如新，还可以凭借充分的像素稳定性确保画面没有任何抖动和闪烁。

黑白片明星——卓别林

属于儿童的电影——动画片

动画片是电影的类型之一，同样是利用影像的连续拍摄原理制作的。制作动画片之前要先有人物设定，接着产生简单的故事大纲，然后绘制人物造型，并形成台本（包括脚本、三到四格的画面，有对人物动作的描述和台词说明等等），这些基本上属于动画制作的前期。然后根据台本画原画（需要一些设计和想像，从一个动作到另一个动作），接着是修形，连接两个原画之间的动画，这些步骤属于中期。最后

动画片一直是孩子们的最爱，随着科技的发展，动画片的制作技术也有了很大的提高，在动画片的制作过程中融入了计算机技术，让动画看起来更加逼真。现在动画片不光是儿童的最爱，也受到许多成年人的喜爱。

把这些动画和另一部分背景一起合成、上色、拍摄、再配音，这属于动画后期。经过这些程序以后，一部动画片就诞生了。

电影中的蒙太奇

蒙太奇(montage)在法语是"剪接"的意思，原为建筑学术语，意为构成、装配，后被借用过来，引申在电影上就是剪辑和组合，表示镜头的组接。简要地说，蒙太奇就是根据影片所要表达的内容，和观众的心理顺序，将一部影片分别拍摄成许多镜头，然后再按照原定的构思组接起来。电影的蒙太奇，主要是通过导演、摄影师和剪辑师的再创造来实现的。在电影的制作中，导演按照剧本或影片的主题思想，分别拍成许多镜头，然后再按原定的创作构思，把这些不同的镜头有机地、艺术地组织、剪辑在一起，使之产生连贯、对比、联想、衬托、悬念等联系以及快慢不同的节奏，从而有选择地组成一部反映一定的社会生活和思想感情、为广大观众所理解和喜爱的影片，这些构成形式与构成手段，就叫蒙太奇。蒙太奇是电影艺术的独特表现手段。

放映机

电视机

　　电视机就是接收电视广播的装置，由接受图像和接收声音的两个部分合成。电视出现之初，主要是现场摄录一些戏剧演出，然后在荧幕上播放。由于是在家庭环境中观看的，所以人们称它为"家庭的戏剧"。接着是在电视中播映电影，于是，人们又把电视称之为"小电影"或"屏幕电影"。电视比电影更能准确迅速地将社会生活中所发生的大小事件直接反映给亿万观众，也能将远隔千山万水的两地情况同时展示在一个画面当中。

1929~1954 年是黑白电视阶段，这个阶段以直播为重要特征。直播使电视节目尤其是电视剧的制作受到很大的局限，不得不依赖于戏剧和电影的转播。

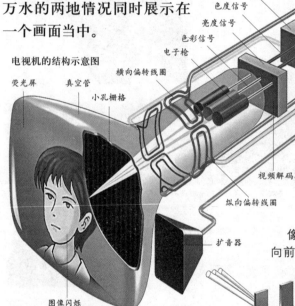

电视机的结构示意图

荧光屏　真空管　小孔栅格　横向偏转线圈　纵向偏转线圈　电子枪　色彩信号　亮度信号　色度信号　同步装置　调谐器　音频检测器　音频信号　视频解码器　扩音器　图像闪烁

电视机的发明

　　1884年，德国科学家尼普科夫发明旋转盘扫描式的传播方式，为电视机的发明奠定了基础。到了1929年，英国发明家贝尔德用电信号将人物形象搬上了屏幕。英国伦敦通过电视系统试播无声图像获得成功，使用的就是贝尔德建造的电视系统。从此，电视进入了人类的文化生活。此后，科学家们又研制出光电显像管，图像清晰度大为提高，电视的发展向前跨进了一大步。

电视机的成像原理

　　电视是利用人眼的视觉特性以电信号的形式来传送活动（或静止）图像的技术。电视系统通常由摄像、传输、显像等部分组成，其基本任务是利用摄像管的光电效应，将景物随时间和空间变化的光信号变成电信号，以适当的方式传输，最终再利用显像管的光电效应，将电信号重新变成对应的光图像。任何一幅图像都是由许多密集的细小点子组成的，如照片、图画等，这些细小点子是构成一幅图像的基本单元，称为像素。很显然，像素越小，单位面积上的像素数目越多，图像就越清晰。

荧光条　小孔栅格　电子束

电视机的成像原理图

电视机的结构

　　彩色电视机和黑白电视机在基本结构上有很多地方是相同的，即都由显示器、显像管、内置音箱、电路等构成。彩色电视机除包括黑白电视机的所有部分外，还增加了一些附加电路来处理电视机信号，并控制彩色显像管。彩色电视机的组成包括高频头、公共通道、伴音通道、亮度通道、色度通道、解码电路、同步分离和扫描电路、显像管等主要部分，当然还有为各部分提供工作电压的电源电路。

电视机的功能

过去的电视只能看到图像听到声音，具有调节亮度、色度等一些基本功能。随着电视娱乐功能的开发，各国节目的互相交流，使得电视的功能逐渐增加。多制式接收满足了人们收看不同节目的需要，因而成为现在电视的必备功能。无信号蓝背景静噪功能，让使人不舒服的满屏雪花点及刺耳的噪音荡然无存。有线电视增补频道，增加了频率的利用率，能在不干扰空中电波的同时欣赏更多的电视节目。定时开关机能让人放心睡觉而又不会错过精彩的节目。无信号自动关机使电视不会白白损耗。画中画功能使人们能同时观赏两台或两台以上的节目。卫星电视接收解决了偏远地方看电视的需要。耳机功能在夜深人静的时候可以不打扰别人休息。环境光AI自动感应，确保在不同光线下都能收到最佳画面。100HZ加倍扫描系统使电视屏幕不再闪烁，长时间收看电视节目眼睛也不会疲劳。目前电视功能的发展趋势越来越远离传统，新增加的功能还有游戏机、时钟、计算器、VCD、充当计算机的显示器进入互联网等等。

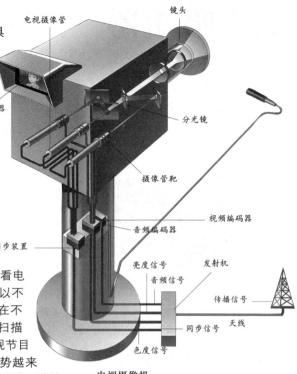

电视摄像机

电视机经过几十年的发展，样式越来越多样化，技术也越来越先进，已经不像早期那样笨重。

数字电视

数字电视不是"数字电视机"。数字电视是采用数字信号广播图像和声音的电视系统。它在电视信号的获取、产生、处理、传输、接收和存储的各个环节中都采用数字信号或对数字信号进行处理。从人眼的视觉效果上看，数字电视可分为以下三种：一种是数字高清晰度电视，简称HDTV，采用符合人眼视觉生理特点的16：9的屏幕长宽比；一种是数字标准清晰度电视，这是一种普及型数字电视；还有一种是数字低清晰度电视，是一种VCD档级的数字电视。目前市场上流行的所谓"数码电视"虽然不是真正意义上的数字电视，但其采用了数字技术，改进了普通模拟电视的收看效果。

电视机的发展

电视机从发明到现在，已经由一种简单的通讯媒体发展成为展现现代社会海量信息的最受人们欢迎的载体。最初的电视机就是一台简陋的信号接收器，只不过这台接收器能够反映出视觉上的信息。它只有黑白两种颜色，画面闪烁严重，而且不停地出现噪声信号带来的雪花斑点。而如今，彩色、纯平、背投、数字电视等新技术的发明和使用已将人们带入声色体验新领域。

真空吸尘器

　　真空吸尘器是一种用来清除灰尘、粉末等脏物的机器，一般使用电动抽气机把细小的脏东西吸进去。真空吸尘器发明之后就直接与家务联系到了一起，现在人们不再为满室的灰尘感到烦恼，因为只需轻按电钮，就可解决这个问题了。

真空吸尘器可以帮助人们清理掉大部分的脏东西，是做家务时的好帮手。

19世纪设计的真空吸尘器是用蒸汽机作动力的，其体积十分庞大。

真空吸尘器的发明

　　英国工程师赫伯特·布思在1901年制造了第一台可真正使用的真空吸尘器，而且是第一台有一个高效过滤器的真空吸尘器。它有一块留住污物的滤布，能让干净的空气重新回到房间。从那以后，各种真空吸尘器都基本采用了布思的这个设计。1906年，布思又制成家用的小型吸尘器，不过仍有40千克重，显得十分笨重。布思的吸尘器给美国发明家斯彭格勒留下了深刻的印象。斯彭格勒在前人设计的基础上制作了一台较小的供家庭使用的吸尘器，并且把这个设计的专利卖给了马具制造商威廉·胡佛。1908年，胡佛着手生产这种小型的吸尘器，结果产品受到了人们欢迎。从那时起，真空吸尘器就以"胡佛"牌而广为人知。

真空吸尘器的原理

　　现代真空吸尘器的主要部件真空泵、集尘袋、软管及各种形状不同的管嘴。机器内部有一个电动抽风机，通电后高速运转，使吸尘器内部形成瞬间真空，内部的气压大大低于外界的气压，在这个气压差的作用下，尘埃和脏东西随着气流进入吸尘器桶体内，再经过集尘袋的过滤，尘垢留在集尘袋，净化后的空气则经过电动机重新逸入室内，起到冷却电机、净化空气的作用。

真空吸尘器的工作原理图

集尘袋
大部分尘土被集尘袋收集，而气体通过袋上微孔排出。

过滤系统
残留的尘粒经此系统被从空气中清除。

排出气体

电机
旋转的风扇排出洁净气体，在集尘袋内形成相对真空区。

旋转刷

旋转刷清除地毯与壁毯上的尘土。

轻便的家用吸尘器

真空吸尘器的分类

　　吸尘器的种类较多，主要有立式、卧式、便携式等几种类型。立式呈圆桶形或方形居多，分上、下两部分，上部装有电机，是动力部分，下部为集尘箱；卧式呈长方形或车型状，有前后两部分，前部为集尘箱，后部为电机部分；便携式一般有四种形式，即肩式、杆式、手提和微型式。

让吸尘器装上轮子

　　1921年，瑞典伊莱克斯公司推出了首款配有轮子的真空吸尘器。这是首款名副其实的家用真空吸尘器，对一般家庭非常适用。而使用轮子正是伊莱克斯总裁爱尔克·温尔格林本人的创意。这项设计取得了巨大的成功，目前仍在现代真空吸尘器的设计细节中保留。

空调

　　空调是利用冷却、加热、增湿、减湿、过滤等方法，对空气进行处理并控制流量，使规定空间内的空气的温度、湿度、清洁度和气流速度都符合一定要求的装置。空调的使用明显地提高了人们工作和生活环境的质量。

空调在夏日里为人们带来清凉，解除了炎热的困扰。

自由选择气候——空调的发明

　　世界上第一台空调是由美国人威利斯·卡里尔于1904年发明的。卡里尔从1902年开始，在纽约一家印刷厂研究空气湿度的调节。他于1904年率先设计出迄今仍在使用的喷水过滤装置的空调机。到1911年，他又绘制出供设计空调设备时计算使用的空气湿度曲线图，递交给美国机械工程师协会，并得到了工程师们的认可，成为空调行业最基本的理论。自主式家用空调是由美国人舒茨和谢尔曼研制成功的。他们在1931年申请了窗式空调的专利。

空调的工作原理

　　空调制冷机有四大部件：压缩机、冷凝器、节流阀（或毛细管）、蒸发器。制冷时，室内机里的盘管就是蒸发器。制冷剂在里面蒸发，吸收周围空气的热量，室内就降温了。制冷剂吸收热量后由液态变为蒸汽，经压缩机压缩后变为高温高压的气体。然后到达室外机内的盘管（冷凝器），被室外空气冷却成高压低温的液态制冷剂。再经节流阀（或毛细管）节流，成为低温低压的液态制冷剂，回到蒸发器里吸热。这是制冷系统的基本原理。冷暖型空调在冬季需要向室内放热，这就需要一个转换阀，把室内机的蒸发器盘管与室外机的冷凝器盘管换一个位（就是接管的变换）。这时室内机的盘管就变成了冷凝器，而室外机的盘管就变成了蒸发器。制冷剂将在室外机的盘管里吸热（从室外空气里），而到室内机的盘管里向室内空气放热。这就是冷暖空调的工作原理。现代空调还装有滤网，可以使不断进入的空气得到过滤净化。

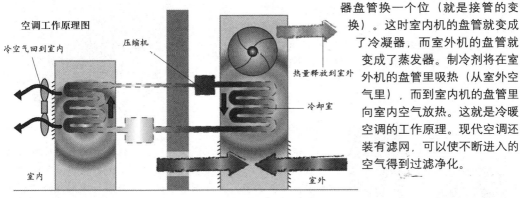

空调工作原理图

冷空气回到室内　　压缩机　　热量释放到室外　　冷却室　　室内　　室外

空调的种类

　　空调按温度调节的范围分有两种类型：一种是只有降温调节功能的冷气空调；另一种是除有降温调节功能外还具有升温调节功能的冷暖空调。空调按规模大小也可划分为两大类：一类是集中冷源的中央空调，主要用于大面积多房间的空气调节，如宾馆、商厦、公寓、酒楼、写字楼、展览馆、图书馆、体育馆、医院、影剧院、车间等大中型活动场所；另一类是自带冷源的分散空调，如柜式、窗式、分体式空调器等，主要用于小面积单房间的空气调节，如居室、旅馆、饭馆、写字间等小型活动场所。

洗衣机

　　洗衣机是自动洗涤衣物的电动机械装置，是一种常用的家用电器。洗衣机的发明，让人节省了不少时间和体力，现代女性更大大缩短了做家务的时间。洗衣机从单缸到双缸，从波轮到滚筒，一直到智能型洗衣机，可谓发展迅速。

洗衣机的发明把女人们从洗衣这种繁重的家务劳动中解放了出来。

洗衣机的发明

　　1800年，法国人首先发明了洗衣机，在桶里装有沉重的旋翼用来搅拌衣服。这种洗衣机用手柄驱动，虽然比手洗提高了效率，但仍需人们付出很多体力。1901年，美国人阿尔瓦费希尔设计制造了世界上第一台电动洗衣机，这也是真正意义上的洗衣机。后来，波轮式、滚筒式洗衣机相继问世，促进了家用洗衣机的发展和普及。

这台20世纪30年代的洗衣机由电动机来驱动转盘，转盘推动衣服在桶内滚动。

洗衣机的工作原理

　　洗衣机清洁衣服污垢的道理与手工洗涤是一样的。波轮式洗衣机的桶底装有一个圆盘波轮，上面有凸出的筋。在波轮的带动下，桶内水流形成了时而右旋、时而左旋的涡流，带动衣物跟着旋转、翻滚，这样就能将衣服上的脏东西清除掉。滚筒式洗衣机有一个盛水的外筒和旋转的内筒。内筒转动时，带着贴近的衣物先上升，另一部分的衣物动作稍迟，这就像搓衣一样；内筒将衣物举出液面后，衣物重新跌落与液面撞击，犹如在捶打。这样反复作用就能使衣服洗干净。

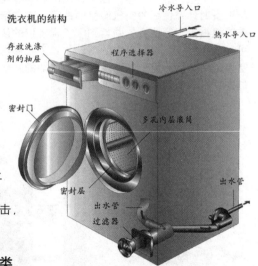

洗衣机的结构

冷水导入口
热水导入口
存放洗涤剂的抽屉
程序选择器
密封门
多孔内层滚筒
密封层
出水管
出水管
过滤器

洗衣机的种类

　　依据洗涤方式的不同，洗衣机大体可以分为波轮式、搅拌式和滚筒式三种类型。波轮式洗衣机的最大特点就是洗得干净、省时省电，缺点是磨损大、易缠绕。滚筒式洗衣机的特点是洗涤衣物不缠绕、磨损小，但是清洗时间长、体积笨重，为了提高洗净度，滚筒机需要加热，耗电量较大。搅拌式洗衣机具有不缠绕、不磨损、省电、洗得干净等诸多优点，兼具波轮式与滚筒式的优点，而又克服了两者的不足，可以说是理想的洗衣机类型。

滚筒式洗衣机

微波炉

　　微波炉，也称微波灶，是利用微波传递能量进行食物烹调的电器。微波炉除了可以烹饪食物外，还可以进行加热解冻、干燥脱水、消毒灭菌等服务。微波炉发明后缩短了人们烹调的时间，而且出现了一种全新的烹调技术。

微波炉给人们的生活带来很多方便。

微波炉的发明

　　1940年，英国的两位发明家在改进雷达系统时设计了一个叫作"磁控管"的器材部件。它能够产生微波能，即一种短波辐射。在使用磁控管时，他们注意到磁控管产生的辐射反过来又产生了热。于是他们开始思索如何才能利用这种热。后来发现磁控管产生的热融化了巧克力，并且还能用来爆玉米花。这样第一个微波炉就在二战期间的雷达研究室内闪亮登场了。微波炉最早被称为"雷达炉"，后来才正名为微波炉。但是对大多数厨房来说，这个早期微波烹调器实在太大了。过了很长一段时间，适合家庭使用的小型、便宜的微波炉产品才问世。1945年，专为烹饪而制造的微波炉生产出来了。现在，微波炉已成为人们生活中一件很常见的家用电器。

使用微波炉烹调食物没有多少油烟，有利于厨房卫生。

微波炉的工作原理

　　微波炉的外部结构主要由腔体、门、控制面板组成。内部结构由电源、磁控管、炉腔、炉门四个部分组成。微波是一种频率非常高的电磁波，通常指300～30000兆赫兹的电磁波，是由全机的心脏—磁控管产生。微波以每秒24亿5千万次的超高频率快速震荡食物内的蛋白质、脂肪、糖类、水等分子，使分子之间相互碰撞、挤压、磨擦重新排列组合，从而迅速加热煮熟食物，而且微波中不会使任何由纸、瓷和玻璃制造出来的东西变热。这使得微波加热成为一种非常方便的烹调形式，由于烹调时间短，也节省了能源。

不断扩大的微波炉家庭

　　随着生产技术、规模的不断扩大，微波也大量进入寻常百姓家。生产厂家也在不断地开发微波炉的新功能；面对微波炉烹调食品方式的单一化提出了种种方法发挥微波加热的衍生功能：烧烤微波炉、变频微波炉、微波炉炒菜皿……新品层出不穷，从快速烹饪、方便省力、节省电能和空间、保持食物的营养及风味等多方面开发人性化器具，使人们的烹饪变得更方便轻松。新颖科学的设计不断为微波炉穿上"绿色的外衣"。

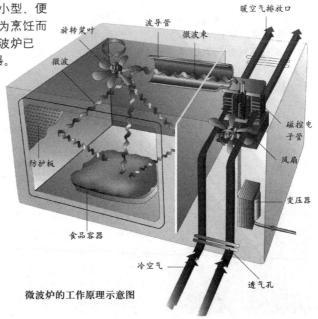

微波炉的工作原理示意图

暖空气排放口

波导管

旋转菜叶

微波束

微波

磁控电子管

风扇

防护板

变压器

食品容器

冷空气

透气孔

电子游戏机

电子游戏机是一种运用大规模集成电路的计算机技术显示活动图像和产生声音效果，供人游戏的电子玩具。一般由信号发生器、逻辑储存器和显示部分组成。游戏者通过控制机上的各种按钮或其他信号发生器来操纵声像活动，不仅训练人的逻辑思维能力和动作的灵敏性，而且使人获得紧张的竞技乐趣和生动的视听享受。

电子游戏机发明后十分受孩子们的喜欢。

电子游戏机的发明

世界上第一台电子游戏机是美国电脑专家诺亚·布什内尔发明的。1971年，布什内尔制作了第一台电子游戏机——"计算机宇宙"。但是这种游戏机的销量并不理想。之后，布什内尔花费了很长时间研制出一个名为"PANG"的接乒乓球的游戏机，鉴于上次的失利，布什内尔决定先代销之后再大批生产。他先将游戏机放置在了一个酒吧里，看是否有人来玩。但一天不到，酒吧老板就打来电话说游戏机坏了。经过检查发现，原来是钱盒塞满硬币，造成了"堵塞"。这台游戏机如此受欢迎出乎所有人的预料，一个全新的电子游戏机时代就此拉开了序幕。

日本任天堂设计制作的红白游戏机曾风靡一时。

电子游戏机的种类

电子游戏机可按显示方式分为电视游戏机、袖珍电子游戏机和大型电子游戏机三类。20世纪70年代初，日本首先将大规模集成电路应用于游戏机，把游戏内容编成逻辑程序储存机内，用液晶显示板、彩色电视机或计算机终端显示屏显示图像。游戏内容有各种体育比赛、战争模拟及各种有趣的历险情景。以后又相继推出了智力测验电子游戏机和具有教育功能的电子游戏机。如今，各种类型的游戏机都不断有新的产品问世，技术也在不断地发展和更新，只要人们依然爱玩游戏机，那么它就将一直发展下去。

小型的掌上游戏机

电子游戏的未来

只有对孩子们进行正确的引导才不会让他们沉迷在游戏中。

电子游戏被称为与电影、文学、美术、音乐等艺术形式并列的"第九艺术"。尽管从发展历史和社会地位来看，电子游戏还属于小字辈，但借助图像处理等高科技手段，并大力吸收其他艺术门类的精华，其进步之神速、发展之迅猛令人刮目相看。这个年增长率高达两位数的行业吸引了越来越多来自体育运动联盟和广告商的注意。世界性的游戏市场仍在不断地扩展，电子游戏已经不再是一种单纯的娱乐和消遣了，游戏越来越注重文化的内涵，玩家的年龄层在持续往高层次变化。现在，享受游戏、欣赏游戏、研究游戏的人才是真正会玩游戏的人。伴随着网络技术的突飞猛进，电子游戏市场正向着前所未有的无限发展空间走去。电子游戏产业在未来的几年内发展成什么样是不可估量的。

移动电话

移动电话，也叫手机，是在座机电话基础上发展而来的无线通信设备。它除了能像有线电话一样正常通话，还增加了收发短信等服务项目。经过几十年的发展，移动电话技术取得了巨大的进步。今天的移动电话已不再只是单一的通话工具，而是集收音机、游戏机、数字照相机和录像机等功能于一身的智能机器。

移动电话的发明方便了人们之间的联系。

移动电话的发明

1973年4月3日，世界上第一部蜂窝移动电话在美国摩托罗拉公司揭开面纱，发明人是该公司的工程师马丁·库珀。当时库珀的发明理念是人们不想对着车、桌子或墙壁这些固定电话的地方说话，而是希望可以和对方自由的交谈。但当时能够移动的只有汽车电话，它们的重量超过了13.5千克，售价高达数千美元，人们还必须给汽车打个洞来安装天线，使用起来并不方便。于是库珀便产生了发明一种无线的移动电话的想法。摩托罗拉公司的领导层对库珀十分支持。第　部移动电话的模型仅用了3天就设计出来了，实物制造仅用了40多天。当时库珀发明的手机，只有通话功能，通话时间仅35分钟，而且没有显示屏。这部电话因形似而被冠名为"鞋子电话"。库珀则被人们誉为"移动电话之父"。

早期发明的移动电话外形显得十分笨重。

数字时代的移动电话

随着电信科技的快速发展，数字电话脱颖而出，数字电话语音清晰，功能也比传统电话多。1992年，瑞典的爱立信公司研制成功第一部数字式移动电话。和所有数字化产品一样，数字式移动电话要将声音转换成计算机可以处理的数字代码，这有很多好处，比如，数字式电话系统可以同时处理更多的信号，许多用户在同时使用信号时可以互不干扰，大大提高了通话质量。而且数字式电话系统具有更好的安全性能，可以方便地实现来电显示和建立语音信箱。许多电信专家确信，数字式移动电话将全部取代模拟移动电话。

随着技术的发展，移动电话的体积逐渐缩小，功能越来越多。

如今的手机中增添了许多新的功能。

"蓝牙"技术是移动电话发展方向

"蓝牙"技术是由移动通信公司与移动计算机公司联合起来开发的传输范围约为10米左右的短距离无线通信标准，用来设计在便携式计算机、移动电话以及其他的移动设备之间建立起一种小型、经济、短距离的无线链路。蓝牙的传输距离决定了它可以作为一种小型局域网的终端设备与其他室内或身上的无线设备交换数据。蓝牙耳机就是这样的一种设备，只需要把这种轻巧的设备戴在耳边，不需要靠近通讯设备(手机、电脑等)就可以自由地通话了。

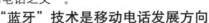

蓝牙耳机

火箭

所谓火箭是指依靠火箭发动机向后喷射产生的反作用力而推进的飞行器。它自身携带燃料与氧化剂，不需要空气中的氧助燃，既可在大气中，又可在没有大气的外层空间飞行。现代火箭是一种快速远距离投送工具，可用于探空、发射人造卫星、载人飞船、航天站以及助推其他飞行器等。

火箭的发明使人类飞出地球的梦想成为现实。

将人类送入太空——火箭的发明

火箭起源于中国，是中国古代重大发明之一。直到现代工业的兴起，火箭才开始真正实际应用。俄国科学家齐奥科夫斯基于1930年发表了论文《利用喷掘工具研究宇宙空间》以及以他名字命名的公式，奠定了火箭液体发动机的理论基础。美国科学家戈达德于1926年研制出了世界第一枚液体火箭。1934年，德国的布劳恩则研制出了现代导弹的鼻祖——"V-2"导弹。第二次世界大战后，苏联和美国相继研制出包括洲际导弹在内的各种火箭武器和运载火箭。

火箭的构成及原理

火箭的种类很多，但其组成部分及工作原理是基本相同的。其结构包括：动力装置，是发动机及其推进剂供应系统的统称，是火箭赖以高速飞行的动力源；制导系统，可以保证火箭在飞行过程中不致翻滚，而且准确地导向目标；箭体，是火箭不可缺少的组成部分，火箭的各个系统都安装其上，并容纳大量的推进剂。箭体结构除要求具有空气动力外形外，还要求在完成既定功能的前提下，重量越轻越好，体积越小越好。此外，火箭还有电源系统，有时还根据需要在火箭上安装初始定位定向、安全控制、无线电遥测以及外弹道测量等附加系统。火箭是靠火箭发动机向前推进的。火箭发动机点火以后，推进剂液体的或固体的燃烧剂加氧化剂，在发动机的燃烧室里燃烧，产生大量高压燃气；高压燃气从发动机喷管高速喷出，所产生的对燃烧室(也就是对火箭)的反作用力，就使火箭沿燃气喷射的反方向前进。

火箭结构图

弹头部

导航装置

无线电控制装置

乙醇

液态氧

火箭的发展

近40年来，火箭技术得到了飞速发展和广泛应用，其中尤以各种可控火箭武器和空间运载火箭发展最为迅速。各类火箭武器正向高精度、反拦截、抗干扰和提高生存能力的方向发展。在地地导弹基础上发展起来的运载火箭，已广泛用于发射各种卫星、载人飞船和其他航天器。现在，运载火箭正朝着高可靠、低成本、多用途和多次使用的方向发展。火箭技术的快速发展，不仅将提供更加完善的各类火箭武器，还将使建立空间工厂、空间基地以及星际航行等设想成为可能。

航空水泵

过氧化氢气体发生装置

蒸汽排出装置

燃烧室

主阀

排气翼

空气力舵天线

重力

运载火箭的发射示意图

宇宙飞船

　　宇宙飞船是以多级火箭作为运载工具，从地球上发射出去能在宇宙空间航行，能保障宇航员在外层空间生活和工作，能执行航天任务并返回地面的航天器。它的运行时间有限，是仅能使用一次的返回型载人航天器。宇宙飞船也可以做往返于地面和空间站之间的"渡船"，还能与空间站或其他航天器对接后进行联合飞行。

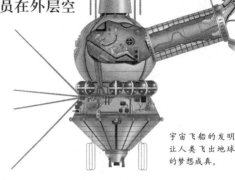

宇宙飞船的发明让人类飞出地球的梦想成真。

"东方号"宇宙飞船

宇宙飞船的结构

　　宇宙飞船一般由乘员返回座舱、轨道舱、服务舱、对接舱等部分组成。登月飞船还配有登月舱。返回座舱是宇宙飞船的核心舱段，也是整个飞船的控制中心。返回座舱除要适应起飞、上升和轨道运行阶段的各种外力和环境条件外，还要承受再入大气层和返回地面阶段的急剧减速和气动加热。飞船的轨道舱里面装有各种实验仪器和设备。其服务舱对飞船起服务保障作用。而对接舱是用来与空间站或其他航天器对接的舱段。

美国研制的"双子星座号"宇宙飞船

返回地球的"双子星座号"飞船

进入重返地球的轨道　机械脱离　点燃单向火箭　逆向火箭脱离　落往地面

宇宙飞船的发明

　　20世纪50年代，苏联政府拨出大量资金作为宇宙飞船的研制经费。经过科学家们的努力，人类历史上的第一艘宇宙飞船诞生了。1961年4月12日，这艘名为"东方1号"的宇宙飞船，载着苏联宇航员尤里·加加林，在外层空间绕地球一圈，飞行了1小时48分钟。"东方1号"宇宙飞船的航行成功，意味着人类已经可以飞出地球，在宇宙空间中航行了。美国在1969年研制成功了"阿波罗11号"宇宙飞船，并在7月16日发射了载有3名宇航员的宇宙飞船。经过73小时的飞行后，宇宙飞船到达了月球，完成了人类历史上的首次登月。

飞船返回

　　飞船返回是载人航天飞行的最后阶段，也是决定航天成败的关键。飞船返回是飞船脱离原来的飞行轨道，沿一条下降的轨道进入地球大气层，通过与大气层摩擦减速，安全降落到地面上的过程。宇航员成功顺利返回地面，才标志着载人航天活动的圆满结束。宇宙飞船的返回可分为：制动减速阶段、自由滑行阶段、再入大气层阶段和回收着陆阶段。整个返回过程都要求有水上测控船或地面测控站的跟踪和支持。

人造卫星

　　人造卫星是用火箭发射到太空，环绕地球在空间轨道上运行（至少一圈）的无人航天器。目前，人造卫星是发射数量最多、用途最广、发展最快的航天器。各种各样的人造卫星为人类开发利用太空高远的位置资源做出了重要贡献。

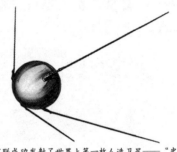

各种各样的人造卫星为人类提供丰富的空间信息。

打开天国的大门——人造卫星的发明

　　1957年10月4日，苏联拜科努尔航天中心的人造卫星发射塔上，竖立着一枚大型火箭。火箭头部装的是世界上第一颗人造卫星。这颗卫星直径只有0.58米，重83.6千克，在密封的铝壳内，装着一节化学电池、一支温度计、一台双频率的小型发报机。尽管这颗人造卫星在今天看来是那么"简陋"，在天空也只逗留了92天，但它却"推动"了整个地球，推动了各国发展空间技术的步伐。继苏联后，美国于1958年2月1日成功发射了世界上第二颗人造卫星。

苏联成功发射了世界上第一枚人造卫星——"史普尼克1号"，它主要用于探测温度和气压。

人造卫星的系统组成

　　人造卫星由包含各种仪器设备的若干系统组成，它们可分为专用系统和保障系统。专用系统是指与卫星所执行的任务直接有关的系统，大致可分为探测仪器、遥感仪器和转发器三类。保障系统主要有结构系统、热控制系统、电源系统、无线电测控系统、姿态控制系统和轨道控制系统。有些卫星还装有计算机系统，用以处理、协调和管理各分系统的工作。返回型卫星还有返回着陆系统，它由制动火箭、降落伞和信标机组成。

可展开的防辐射防热外壳
DMR天线
可展开的太阳能电池板
航天器
可展开的天线
地球传感器
TDRSS小天线
WFF小天线

人造卫星结构示意图

人造卫星的飞行原理

　　环绕一个物体飞行的另一个物体，其自身的离心力必须与所环绕物体的向心力大小相等、方向相反，这样才能保证一个相对恒定的状态。人造卫星的飞行原理与它相仿，只不过向心力是地球对它的引力。人造地球卫星能在地球轨道上运行，是因为它具有第一宇宙速度（79千米/秒），还有就是因为地球的引力（向心力）一直拉着它。如果卫星飞行速度过快，离心力超过地球引力时，卫星就会脱离地球飞向远方的太空。

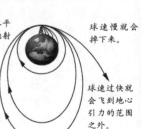

把球水平向前抛射出去。
球速慢就会掉下来。
球速过快就会飞到地心引力的范围之外。

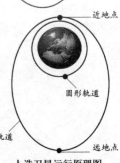

近地点
圆形轨道
椭圆轨道
远地点

人造卫星运行原理图

人造卫星的轨道

所谓人造卫星轨道就是人造卫星绕地球运行的轨道。这是一条封闭的曲线。这条封闭曲线形成的平面叫人造卫星的轨道平面，轨道平面总是通过地心的。人造卫星轨道按离地面的高度，可分为低轨道、中轨道和高轨道；按形状可分为圆轨道和椭圆轨道；按飞行方向可分为顺行轨道（与地球自转方向相同）、逆行轨道（与地球自转方向相反）、赤道轨道（在赤道上空绕地球飞行）和极地轨道（经过地球南北极上空）。

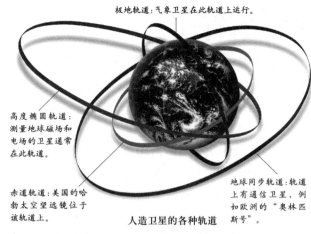

极地轨道：气象卫星在此轨道上运行。

高度椭圆轨道：测量地球磁场和电场的卫星通常在此轨道。

赤道轨道：美国的哈勃太空望远镜位于该轨道上。

地球同步轨道：轨道上有通信卫星，例如欧洲的"奥林匹斯号"。

人造卫星的各种轨道

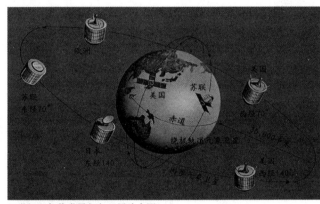

20世纪70年代世界气象卫星分布图

人造卫星的功用

人造卫星观测天体不受大气层的阻挡，可以接收来自天体的全部电磁波辐射，实现全波段天文观测。人造卫星的飞行速度高，一天绕地球飞行几圈到十几圈，能够迅速获取地球的大量信息。人造卫星在静止轨道上可以观测到40%的地球表面，这对通信非常有利，可实现全球范围的信息传递和交换。人造卫星能飞越地球任何地区，特别是人迹罕至的原始森林、沙漠、深山、海洋和南北两极，并对地下矿藏、海洋资源和地层断裂带等进行观测。因此人造卫星还可用于天文观测、空间物理探测、全球通信、电视广播、军事侦察、气象观测、资源普查、环境监测、大地测量、搜索营救等方面。

人造卫星的轨道安排

人造卫星的轨道应根据其任务和应用要求来选择。例如，对地面摄影的地球资源卫星、照相侦察卫星常采用圆轨道；若为了尽量扩大空间环境探测的范围，卫星可采用扁长的椭圆轨道；为了节省发射卫星时消耗的能量，常采用赤道轨道和顺行轨道；对固定地区进行长期连续的气象观测和通信的卫星，常采用地球静止卫星轨道；需对全球进行反复观测的卫星可采用极地轨道。

第二代米特斯达卫星在大西洋上空的同步轨道上跟踪气旋、飓风等气候征兆。

欧洲遥感卫星通过雷达观测地质断层的变化，能预测地震。

间谍卫星利用功能强大的望远镜来侦探可能发生纠纷的地区。

地球资源卫星能够确定巴西热带雨林被砍伐的地点。

航天飞机携带遥感设备来观测火山喷发。

各种卫星的功能

空间站

空间站又称"太空站"、"轨道站"或"航天站"，是可供多名宇航员围绕地球航行、长期工作和居住的载人航天器。在空间站运行期间，宇航员的替换和物资设备的补充可以由载人飞船或航天飞机运送，物资设备也可由无人航天器运送。空间站设置有完善的通信、计算机等设备，能够进行天文、生物和空间加工等方面的科学技术研究。

空间站的出现使人们能够停留在太空中进行长时间的科学研究。

早期研制的空间站还不能长期地停留在太空中，这促使科学家们不断进行新的研制工作。

空间站的配置

空间站通常由对接舱、气闸舱、轨道舱、生活舱、服务舱、专用设备舱和太阳能电池翼等部分组成。对接舱一般有数个对接口，可同时停靠多艘载人飞船或其他飞行器。气闸舱是宇航员在轨道上出入空间站的通道。轨道舱是宇航员在轨道上的主要工作场所。生活舱是供宇航员进餐、睡眠和休息的地方。服务舱是为整个空间站服务的舱段。专用设备舱是根据飞行任务而设置的安装专用仪器的舱段。太阳能电池翼通常装在站体外侧，为站上各种仪器设备提供电源。

太空的新居所——空间站的发明

人类并不满足于在太空做短暂的旅游，为了开发太空，需要建立长期生活和工作的基地。随着航天技术的进步，在太空建立新居所的条件已经成熟。第一个空间站是由苏联在20世纪60年代后期开始研制的。1971年4月19日，苏联发射了第一座空间站"礼炮1号"，是一座单体式的空间站。"礼炮1号"空间站由轨道舱、服务舱和对接舱组成，呈不规则的圆柱形，总长约12.5米，最大直径4米，总重约18.5万千克。它在约200多千米高的轨道上运行，站上装有各种试验设备，照相摄影设备和科学实验设备。与"联盟号"载人飞船对接组成居住舱，体积100立方米，可住6名宇航员。"礼炮1号"空间站在太空运行6个月，它完成使命后于同年10月11日在太平洋上空坠毁。

"和平号"空间站中心舱示意图

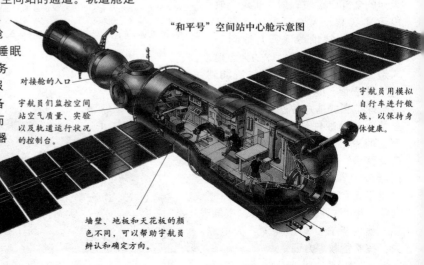

对接舱的入口

宇航员们监控空间站空气质量、实验以及轨道运行状况的控制台

宇航员用模拟自行车进行锻炼，以保持身体健康。

墙壁、地板和天花板的颜色不同，可以帮助宇航员辨认和确定方向。

空间站的类型

现在，已进入太空的空间站共有两种，一种叫舱段式空间站，一种叫桁架式空间站。舱段式结构的空间站采用多模块组合，这种结构的空间站具有功能强、使用范围广等优点。但是，由于各舱段之间过于紧凑，安装太阳能电池板很困难，给正常的发电带来了不便。桁架式结构的空间站是用巨大桁架作骨架，把各种舱段、设备和太阳能电池板等像挂衣服一样挂在上面。这种结构的空间站灵活性更强，方便维修和更换设备，大大提高了空间站的工作效率。

桁架式结构的空间站

空间站的功用

空间站的作用非常大，科学家在空间站上可以观天看地，进行科学研究，制造新材料，在轨道上进行其他服务等等。它还可以充当载人行星飞行的中继站、在上面建立太空工厂、充当太空指挥所或太空武器的实验场。因此，空间站是迄今为止人类最理想的太空基地。随着航天器运载能力的提高和航天技术水平的不断发展，未来的空间站将比现在大很多，人类不仅能在上面进行科学实验，制造新材料，还可以像在地面上一样进行各种活动。

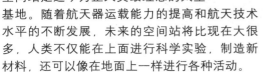

宇航员们可以在空间站上从事一些科研工作。

空间站的发展——国际空间站

"国际空间站"计划是1984年由美国总统里根提出的，现有16个国家参与建造，空间站的各个组成部分现已陆续发射成功。国际空间站由重新设计的美国"自由号"空间站和俄罗斯原准备建造的"和平2号"空间站两部分组成。两部分的交接处就是已率先发射的"曙光号"舱。全站重42.6万千克，跨度为108.5米，运行在高约400千米、与地球赤道成51.6°夹角的一条轨道上。该站初期可乘3人，后期将增至6人。

国际空间站的组成

国际空间站总体设计采用桁架挂舱式结构，包括功能货舱、"团结号连接舱"、俄制服务舱、哥伦布轨道设备舱、机器臂、实验舱、小型硬件设备和微型压缩后勤供应舱。功能货舱包括推进、指挥以及控制系统。"团结号"连接舱负责连接6个舱体。俄制服务舱包括居住舱、电力控制和维生素系统设备舱。哥伦布轨道设备舱、试验舱和微型压缩后勤供应舱用于实验研究，哥伦布轨道设备舱还为宇航员提供往返工具。机器臂担负组装及维护职责。小型硬件设备主要是为国际空间站运输物资。国际空间站的各种部件都是由合作各国分别研制的。

国际空间站

国际空间站是多个国家科技水平的综合展现。

"和平号"空间站

"和平号"空间站是苏联研制的第三代空间站，也是人类历史上的第九座空间站，被誉为"人造天宫"。"和平号"空间站的整体形状如一束绽开的花朵。它采用积木式构造，由多舱段空间交会对接组成，总长32.9米，体积约为400立方米，最大直径4.2米，总重12.3万千克，由4个基本部分组成，球形增压转移舱、增压工作舱、不增压服务动力舱、增压转移对接器。2002年3月，"和平号"空间站结束了在太空中15年的历程，重返地球。

航天飞机

航天飞机的发明实现了人们进行太空探索的愿望。

　　航天飞机是可以重复使用的、往返于地球表面和近地轨道之间运送人员和货物的飞行器。它在轨道上运行时，可在机载有效载荷和乘员的配合下完成多种任务。航天飞机通常设计成由火箭推进的飞机，返回地面时能像滑翔飞机或飞机那样下滑和着陆。航天飞机是人类自由进出太空的重要工具，是航天史上的一个重要里程碑。

航天飞机的发明

　　20世纪初，人们产生了航天运载的设想。1938~1942年，奥地利工程师森格尔曾绘制过以火箭助推的环球轰炸机草图，这也是航天飞机最初的设想。1969年4月，美国宇航局提出建造一种可重复使用的航天运载工具的开发计划。1972年1月，美国正式把研制航天飞机空间运输系统列入开发计划，确定了航天飞机的设计方案。1977年，科学家研制出一架"企业号"航天飞机轨道器，由波音747飞机驮着进行了机载试验，并取得成功。1981年4月，美国研制的世界上第一架航天飞机"哥伦比亚号"试飞成功，1982年11月首次正式飞行。1983年4月，第二架航天飞机"挑战者号"首次试航成功。1984年8月，第三架航天飞机"发现者号"在轨道上成功地发射了3颗卫星。1985年10月，第四架航天飞机"亚特兰蒂斯号"部署两颗卫星后安全返回地面。1992年5月，另一架美制航天飞机"奋进号"进行首次飞行。到目前为止，世界上只有美国制造的航天飞机真正投入使用。

航天飞机发射时的情景

航天飞机的结构

　　航天飞机的主要组成部分有：轨道飞行器、燃料箱和固体燃料火箭推进器等。轨道飞行器是航天飞机的中心部分，其外形像一架带翼的飞机，有机身、机翼、尾翼、操纵舵面和起落架等。机身内有驾驶舱、货舱和主发动机舱。装有3台液体推进剂的主发动机，用以把航空航天飞机送入轨道。燃料箱内分装液态氧和液态氢推进剂，向主发动机供给燃料。燃料用完后就会抛掉，自行烧毁。两台巨大的固体燃料集束式火箭推进器继续将航天飞机送入高空。

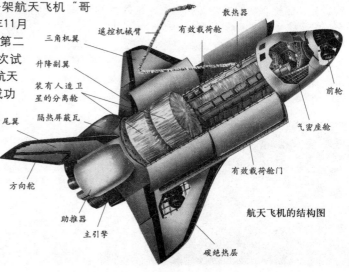

散热器
有效载荷舱
遥控机械臂
三角机翼
升降副翼
装有人造卫星的分离舱
隔热屏蔽瓦
尾翼
方向舵
助推器
主引擎
碳绝热层
前轮
气密座舱
有效载荷舱门

航天飞机的结构图

航天飞机的起降

航天飞机发射方式有垂直发射和水平起飞两种。垂直发射的航天飞机安装有火箭发动机进行垂直发射。水平起飞的航天飞机安装有涡轮喷气发动机或组合发动机，在跑道上滑跑起飞，把航天飞机送到10多千米的高空后，再用航天飞机上的火箭发动机继续推进。水平起飞可以利用大气层中的氧气，使航天飞机少带氧化剂、减轻起飞重量。航天飞机的飞行轨道通常是近地轨道，高度在1000千米以下。航天飞机降落是减速进入大气层，进入大气层后，开始寻找机场、对准跑道、下滑、放襟翼和放起落架，像普通飞机那样降落在机场。

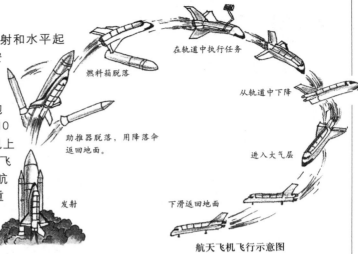

在轨道中执行任务

燃料箱脱落

从轨道中下降

助推器脱落，用降落伞返回地面。

进入大气层

发射

下滑返回地面

航天飞机飞行示意图

航天飞机的功能

航天飞机进入空间轨道的部分叫作轨道器。它具有一般航天器所具有的各种分系统，并且具备多种功能，包括人造卫星、货运飞船、载人飞船甚至小型太空站的许多功

航天飞机有很多功能，可以发射卫星、回收卫星、在太空进行实验等等。

能。它还可以完成一般航天器所没有的功能，如向近地轨道施放卫星，向高轨道发射卫星，从轨道上捕捉、维修和回收卫星等。此外，航天飞机还具有重要的军事用途。它可以在空间发射和部署通信、导航、侦察等军用卫星，在轨道上维修卫星和把卫星带回地面，因此也可以攻击或捕获敌方卫星，还可实施空间救生和支援，进行空间作战指挥和发射轨道武器等。

航天飞机的发展

现在，科学家们正在研制一种新型的航天飞机——航空航天飞机。它利用航空和航天双重技术，是一种能从普通机场起降，既能执行航空任务又能执行航天任务的高超音速飞行器，又称空天飞机。其外形像普通飞机，重量为航天飞机的70%。它同时携带用于大气层外的火箭发动机和用于大气层内的喷气发动机。在执行航天任务时，可把数吨重的有效载荷运抵近地轨道。由于它可在常规的机场跑道上起降，无需地面发射台、发射架、体外助推火箭和发射控制系统等众多庞大的设备。这不仅降低了耗资，更重要的是它能像一般飞机那样起降，十分方便地往返于太空与地球之间。

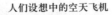
人们设想中的空天飞机

航天飞机上的特殊"乘客"

有时航天飞机上会载有一群特殊的"乘客"，它们是青蛙、兔子、猫、猴子、鸡、鱼等，甚至还有蜜蜂、苍蝇和老鼠。这可不是为了好玩，科学家们把动物送上太空，是为了了解和验证动物在太空中的习性，为人类将来到太空中去工作和生活，探索出一些情况。人们把这些太空中的动物实验室，称为"太空动物园"。这些被带上太空的动物，在返回地球后，有的不久后就会死亡。目前科学家们正对它们的死因进行研究分析。科学家们还根据苍蝇楫翅的导航原理，研制成了高精度的小型导航仪，以保证飞行的稳定性和准确性。

全球定位系统

全球定位系统（GPS）是由24颗人造卫星和地面站组成的全球无线导航与定位系统。全球定位系统具有性能好、精度高、应用广的特点，是迄今最好的导航定位系统。随着全球定位系统的不断改进，硬、软件的不断完善，应用领域正在不断地开拓，目前已遍及国民经济各部门，并逐步深入到人们的日常生活中。

全球定位系统卫星

全球定位系统的发明

20世纪70年代，美国国防部为了给陆、海、空三大领域，提供实时、全天候和全球性的导航服务，并进行情报收集、核爆监测和应急通讯等一些军事目的，开始研制"导航卫星定时和测距全球定位系统"，简称全球定位系统。1973年，美国国防部开始设计、试验。1989年2月4日，第一颗GPS卫星发射成功，到1993年底建成了实用的GPS网，即(21+3)GPS星座，并开始投入商业运营。经过20余年的研究实验，耗资300亿美元，到1994年3月，全球覆盖率高达98%的24颗GPS卫星星座已经布设完成。

地面控制部分
空间部分
用户部分

系统的组成
GPS系统由三部分组成，即空间部分——卫星，地面控制部分——监控系统和用户部分——信号接收及处理系统。

全球定位系统的原理

全球定位系统采用"时间同步、单程测距"的原理来实现定位，简单地说，就是用户同时向已知位置的3个导航卫星分别进行距离测量，然后再以该卫星为球心，以所测得的距离为半径，在空间画3个球面，则这3个球面的相交点，就是用户的位置了。所谓"时间同步"是指卫星上的时钟与用户设备内的时钟是精确同步的；而"单程测距"则是指从导航卫星上发出的无线电测信号在传播到用户设备的这一单向行程中，就可以把它们之间的距离测量出来。

载体
GPS 信号接收机所位于的运动物体叫作载体，如航行中的船舰、空中的飞机、行走的车辆等。

GPS的种类与发展

GPS卫星接收机的种类很多，根据型号分为测地型、全站型、定时型、手持型、集成型；根据用途分为车载式、船载式、机载式、星载式、弹载式。经过20余年的实践证明，GPS系统是一个高精度、全天候和全球性的无线电导航、定位和定时的多功能系统。GPS技术已经发展成为多领域、多模式、多用途、多机型的国际性高新技术产业。

车载GPS
车载GPS是指可以放置在汽车上，完成GPS导航、定位或监控的设备。车载GPS通过接收到的卫星信号准确定位，并能结合电子地图自动规划行驶路线，最终引导驾驶员到达目的地。

第二章 **Part 2**

自然

The Nature

　　在混沌的年代，人类没有时间和方向的概念。当人类的文明出现以后，充满智慧的人类为了让自己能够记住走过的路，便发明了识别道路的地图。随着地理和天文方面的进步，大自然神秘的面纱渐渐被人类掀起。人类不但认识了自己生存的地球，还了解到原来地球在宇宙中只是沧海一粟，这个认知激发了人类向更深领域探索的欲望。而温室效应、厄尔尼诺等带来的各种灾害正吞噬着日益脆弱的地球家园，但是人类并没有被困境吓倒，相信凭借着尖端的科技和人类自己的努力，一定能够重新得到一个健康的环境。

历法

　　历法是天文学的分支学科。它是一种通过推算年、月、日的时间长度和它们之间的关系，制定时间序列的方法。简单说来，就是人们为了社会生产实践的需要而创立的长时间的记时系统。历法能使人类确定每一日在无限的时间中的确切位置并记录历史。

古埃及历法是根据月亮与一年一度的尼罗河泛滥情况确定的。

历法的起源

　　历法主要是农业文明的产物，最初是因为农业生产的需要而创制的。公元前3000年，生活在两河流域的苏美尔人根据自然变换的规律，制定了世界上最早的历法，即太阴历。苏美尔人以月亮的阴晴圆缺作为计时标准，把一年划分为12个月，共354天。公元前2000年左右，古埃及人根据计算尼罗河泛滥周期，制定出了太阳历，这是公历最早的源头。中国的历法起源也很早，形成了独特的阴阳历法。在世界历史上，不同时期和不同地区，还采用过各种不同的历法，如伊斯兰教历、中国的农历、藏历等。

太阴历

　　太阴历又叫阴历，它是以月亮的圆缺变化为基本周期而制定的历法。世界上现存阴历的典型代表是伊斯兰教的阴历（希吉来历）。这部历法以阿拉伯太阳年岁首（即儒略历公元622年7月16日）为希吉来历元年元旦。希吉来历每个月的任何日期都含有月相意义。历年为12个月，平年345天，闰年355天，每30年中有11年是闰年，另19年是平年。它自创制至今14个世纪以来，一直为阿拉伯国家纪年和世界穆斯林作为宗教历法所通用。

最盛行的历法——太阳历

　　太阳历即阳历，是根据地球绕太阳运动的周期来制定的，具体表现为春夏秋冬四季循环的周期。阳历以地球绕太阳一周的时间为一年，称作回归年。阳历最早的源头，可以追溯到古埃及的太阳历。公元前46年，罗马统帅儒略·恺撒决定以埃及的太阳历为蓝本，重新编制历法。恺撒主持编制的历法，被后人称为"儒略历"。这部历法的主要内容是：隔三年设一闰年，平年365天，闰年366天，历年平均长度365.25日。儒略历每年平分12个月，第1、3、5、7、9、11是大月，每月31天。第4、6、8、10、12为小月，每月30天。2月在平年是29天，闰年30天。后来，奥古斯都又对其进行了修改，即将8月改为大月，第二月平年为28天，闰年为29天。西方历法从儒略历实施开始，终于走上正轨。

太阴历

此图表明月亮在每个太阴月的盈亏情况。太阳在顶端，地球在中心（蓝色），月亮的轨道呈双行状。

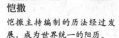

恺撒

恺撒主持编制的历法经过发展，成为世界统一的阳历。

现代的历法——格里高利历

恺撒制订的儒略历在使用过程中有不少缺陷，从实施儒略历到16世纪末期，其历年长度累加比回归年长度差约为10天。为了消除了这个差数，教皇格里高利十三世把儒略历1582年10月4日的下一天定为10月15日，中间消去10天；同时还修改了儒略历置闰法则，使它更接近于回归年的长度。经过这样修改的儒略历又被称作格里高利历。格里高利历后来逐渐被许多国家所采用，成了通用的历法，故称为公历。中国是在辛亥革命后，从1912年1月1日正式使用此历的。

格里高利

最独特的历法——阴阳历法

阴阳历是兼顾月亮绕地球的运动周期和地球绕太阳的运动周期而制订的历法。阴阳历用严格的朔望周期来定月，又用设置闰月和二十四节气的办法使年的平均长度与回归年相近，兼有阴历月和阳历年的性质，因此实质上是一种阴阳合历。世界上使用阴阳历法最具代表性的国家是中国。中国春秋时代，首创用19年7闰的方法精确地来调整阴阳历。到了元代，郭守敬创制颁布了授时历，每年的天数精确到365.2425天，跟地球绕太阳一周的实际周期只差26秒，跟现行公历的一年周期相同。这种历法在1970年以前叫夏历，之后改称为"农历"。

中国古代
的授时历

二十四节气

二十四节气是中国历法（阴阳历）的精华所在，它表示了地球在轨道上运行的二十四个不同的位置，刻画出一年中气候变化的规律。地球绕太阳旋转运动一周为360°，分成24等份，每份15°（大约半月时间）就有一个节气。一年四季共有24节气。两千多年来，二十四节气在安排和指导农业生产上发挥了重要作用。

二十四节气表

节气名	立春(正月节)	雨水(正月中)	惊蛰(二月节)	春分(二月中)	清明(三月节)	谷雨(三月中)
公历日期	2月4或5日	2月19或20日	3月5或6日	3月20或21日	4月4或5日	4月20或21日
太阳黄经	315°	330°	345°	0°	15°	30°
节气名	立夏(四月节)	小满(四月中)	芒种(五月节)	夏至(五月中)	小暑(六月节)	大暑(六月中)
公历日期	5月5或6日	5月21或22日	6月5或6日	6月21或22日	7月7或8日	7月23或24日
太阳黄经	45°	60°	75°	90°	105°	120°
节气名	立秋(七月节)	处暑(七月中)	白露(八月节)	秋分(八月中)	寒露(九月节)	霜降(九月中)
公历日期	8月7或8日	8月23或24日	9月7或8日	9月23或24日	10月8或9日	10月23或24日
太阳黄经	135°	150°	165°	180°	195°	210°
节气名	立冬(十月节)	小雪(十月中)	大雪(十一月节)	冬至(十一月中)	小寒(十二月节)	大寒(十二月中)
公历日期	11月7或8日	11月22或23日	12月7或8日	12月21或22日	1月5或6日	1月20或21日
太阳黄经	225°	240°	255°	270°	285°	300°

随着天文学研究的不断进步，现代人必能据此制订出更完善的历法。

历法的优缺点

理想的历法，应该使历年的平均长度等于回归年，历月的平均长度等于朔望月，且使用方便，容易记忆。

目前，世界上通行的几种历法各有其优缺点。格里高利历精确度很高，内容简洁，便于记忆，是目前最科学的历法。但它无法反映月相的变化。纯粹的阴历，可以较为精确地反映月相的变化，但无法根据其月份和日期反映季节变化。农历既能使每个年份基本符合季节变化，又使每一月份的日期与月相对应。缺点是历年长度相差过大，精度稍差，推算方法复杂，不利于记忆和推广。

地图

地图是按照一定数学法则，用规定的图式符号和颜色，把地球表面的自然和社会现象有选择地缩绘在平面图纸上的图。使用经纬网、比例尺等数学法则，运用符号、色彩、文字等地图语言系统是地图的基本要素。地图上浓缩了大量信息，为人类的生活带来了很多便利。

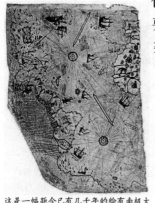
这是一幅距今已有几千年的绘有南极大陆的古代地图。

地球仪上绘制的立体地图

地图的发明

古时候，人们为了定居、生存或远行，就要记录下所经过地方的山川、土地状况、方向、道路等，于是就用符号、线段描绘成简单的地图。世界上现存最古老的地图是在古巴比伦北部的加苏古城（今伊拉克境内）发掘的刻在陶片上的地图，约公元前2500年刻制，在手掌那么大的一块陶片上，刻画着巴比伦时代的世界。图上绘有古巴比伦城、底格里斯河和幼发拉底河。

地图的功能

地图是标明国家版图的重要工具。相邻国家之间，为避免国土边界的争议，必须严格划定国家之间的界线。边界地图就是划定国界的重要凭证。在一个国家，行政区辖以及不同单位、部门所属的土地也有境界图和地籍图。地图从产生时起就有的最特殊的功能是综观一览。人眼直接所及毕竟有限，将大千世界缩小绘成图，就可以了解世界的状况。另外，地图自古以来就受到古今中外军事家的高度重视，被视为"军事家的眼睛"。在现代高技术条件下，地图也是一件必不可少的武器。

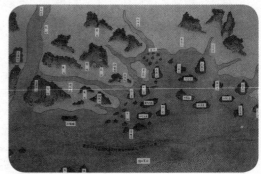
郑和下西洋航海路线图
地图在古代航海史上发挥了重要作用。

地图的种类

地图根据比例尺、内容、用途和使用形式等特征，可分成很多类。按比例尺大小可分为：大比例尺地图（比例尺大于1：1万）、中比例尺地图（比例尺介于1：1万～1：100万之间）和小比例尺地图（比例尺小于1：100万）。按其内容可分为：普通地图和专题地图。专题地图能够显示某些地方的特殊资料。历史地图则显示某个国家或地区在过去某个特定时期的版图。另外，现代地图已出现有电子地图、数字地图、缩微地图等新品种。

在这张地图上，提供了一幅精确的地中海图景，但关于其他地区的信息则不大可靠。

指南针

指南针是中国在战国时期，利用磁石的指极特性发明的指南仪器。指南针发明后，经阿拉伯人传入欧洲。欧洲的航海家们利用指南针开辟了新航线，推动了世界航海事业的发展和各国之间的文化交流。

这是利用天然磁石制造出的指向工具——司南。

指南针的发明

在中国的战国时期，人们发现了磁石，并且发现了磁石的指极特性。人们掌握了磁石的特性后，发明了最早的指南针"司南"。经过长期的探索，人们又发明了两种人工磁化的方法，制作了指南鱼和指南针。其中，指南针的制作方法更加简单有效，所以很快就被推广开了。

在指南针出现之前，古代的人们就制造出了能够指向的指南车。

指南针总是"指南"的原因

指南针是用磁性物质——四氧化三铁制成的，指南针的北极永远指向地磁场的南极，指南针的南极永远指向地磁场的北极。人类居住的地球也是一块天然大磁铁，地球的南北两头也有不同的磁极，地球的北极是负磁极，地球南极为正磁极。根据同性磁极相排斥、异性磁极相吸引的原理，拿一根可以自由转动的磁针，它的正极总是指北，负极总是指南。

古代的指南针

指南针与航海

指南针的发明使人类获得了全天候航海的能力，由此开辟出远洋航行的坦途。在15世纪，中国的航海家郑和就已经带领船队利用指南针辨别方向航海。指南针技术传入欧洲后，推动了欧洲航海事业的发展。15世纪末到16世纪初，欧洲各国航海家纷纷将指南针用于航海，他们不断探险。葡萄牙航海家麦哲伦在指南针的帮助下，开辟了新大陆和新航线，完成了环绕地球的航行。意大利航海家哥伦布则发现了美洲大陆。

指南针的发明，对航海事业的发展起到了巨大的推动作用。

指南针在现代社会的用途及演化

现在，指南针的用途已经十分广泛。它不光帮助一些交通工具判定方向，确定航线，还在野外、军事、建筑、地面勘探等方面发挥着重要作用。随着科学技术的不断发展，新型先进的指南针已经问世，电子指南针将替代旧的针式指南针或罗盘指南针，还可以简单地和其他电子系统接口。科学家们已经设计出一种能使航天器准确识别方向的新型星际"指南针"，从而保证航天器沿正确方向飞行。

美洲新大陆

美洲新大陆即今天的北美洲和南美洲。1492年,意大利航海家哥伦布首先发现了这个地方。在这之前,除了美洲人之外,这片陆地并不为世人所知。自从新大陆被发现之后,欧洲人开始由哥伦布开辟的新航路涌入这片土地,从而改变了美洲的历史。

就是这位热衷于航海的哥伦布发现了美洲新大陆,后人专门定了一个日子来纪念他。

美洲新大陆的发现

1492年,意大利航海家哥伦布带着对东方文明的向往,从西班牙出发远航,决心探索通向东方的航道,开辟一条越过大西洋到印度的海上航线。哥伦布的船队从该地向西航行,驶入大西洋海域,于10月12日,发现了陆地——现在北美洲加勒比海中的巴哈马群岛,哥伦布将此岛命名为圣萨尔瓦多。哥伦布继续向南航行,先后到达古巴和海地,并在海地北部建立了第一个西班牙的殖民地。此后,他又进行了两次航行,船队先后到达小安的列斯群岛、维尔京群岛中的圣可鲁斯和"波里金"岛(后改名波多黎各),以及南美大陆的部分地区。第四次航行他到达了牙买加。尽管哥伦布的四次远航把去亚洲的航线搞错了,但却发现了美洲大陆,并开辟了新的航线。

1492年10月12日,哥伦布与船员在美洲的圣萨尔瓦多岛登陆。

发现美洲新大陆的意义

对哥伦布和其他非美洲人而言,美洲新大陆是新奇的。其实南北美洲大陆早已有人生活了数千年,并拥有他们自己的先进文化。新航路的开辟和新大陆的发现,改变了世界历史的面貌。在哥伦布向西航行以前,欧洲人心目中的世界是由亚洲、非洲和欧洲组成的。中国被视为亚洲的主宰。美洲新大陆发现以后,海外贸易的路线开始由地中海转移到大西洋沿岸。从那以后,西方开始崛起于世界,并在之后的几个世纪中,成就海上霸业。而且,新大陆的发现导致外来者蜂拥而至,开拓殖民地,这促成了欧美两个大陆文明的融合,改写了美洲历史,改变了美洲社会的面貌。

以哥伦布发现美洲为场景的挂毯。左为西班牙王后资助哥伦布远航,中为首航归来,右为登上"圣玛丽亚号"。

克里斯托弗·哥伦布

哥伦布出生于意大利,后移居西班牙。他是文艺复兴时代伟大的航海家、美洲大陆的发现者。他发现新大陆的同时也开辟了横渡大西洋的新航路,这两大发现极大地改变了世界历史的面貌。他作为一个航海家,为人类社会的发展做出了重大贡献。但另一方面,他在美洲推行的殖民政策也给印第安人民带去了深重的灾难。

哥伦布航海时乘坐的船只是当时最先进的三桅帆船。

地球是圆的

地球是一个两极稍扁、赤道略鼓的球体。它在46亿年前就形成了，是太阳系中唯一一个已知有生命存在的行星。生活在地球上的人类，从来没有停止过对它的探索，这种探索最早是从对其形状的关注开始的。

人类生活的地球

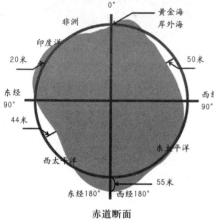

赤道断面

对地球形状的探索

公元前6世纪，古希腊科学家毕达哥拉斯首先提出了大地是圆球的说法。公元前3世纪，古希腊地理学家埃拉托色尼首创子午圈弧度测量法，用实际测量纬度差来估测地球半径，最早证实了"地圆说"。直到1522年，航海家麦哲伦率领船队进行环球航行，才得以用事实证明，地球是一个球体。17世纪后期，牛顿等科学家根据万有引力理论，提出地扁学说，认为地球不停地围绕地轴旋转，其形状为两极略扁的椭圆球。法国科学院于1735年进行了弧度测量，得出地球极地半径较短，赤道半径稍长，从而证实了地扁说。20世纪50年代末，人造地球卫星发射成功，通过卫星的观测发现，地球的南北两个半球并不是对称的。

中国古代对地球形状的探索

中国周代时，就有"天圆如张盖，地方如棋局（棋盘）"的盖天说，提出了"天圆地方"的说法。东汉天文学家张衡在《浑仪图注》中把宇宙比作鸡蛋，把地比作鸡蛋中的蛋黄。这种学说叫浑天说，比盖天说有了很大进步。但他在其天文著作《灵宪》中又说天圆地平。这说明当时人们对地球形状的认识还是很不明晰的。

8世纪20年代，唐朝高僧一行主持了弧度测量，其距离和纬差都是实地测量的，这在世界尚属首次，并由此得出地球子午线1°弧长为132.3千米，比现代精确值大21千米。

僧一行

僧一行提供了地球子午线1°弧长相当精确的数值，开创了人们通过实测认识地球形状和大小的道路，为人类正确认识地球做出了巨大贡献。

麦哲伦

费南多·德·麦哲伦

麦哲伦是葡萄牙著名的航海家和探险家，先后为葡萄牙和西班牙进行航海探险。他从西班牙出发，绕过南美洲，发现了麦哲伦海峡，然后横渡太平洋。虽然他在菲律宾被杀，但他的船队继续西航回到西班牙，完成了第一次环球航行。麦哲伦被认为是第一个进行环球航行的人。这次环球航行，用确凿的事实证明了地球是一个圆体，这在人类历史上，永远是不可磨灭的伟大功绩。

太阳系

太阳以及所有围绕它运行的行星及其卫星、小行星、彗星、流星体和行星际物质共同构成了太阳系。太阳是太阳系的中心天体，其他天体都在太阳的引力作用下绕其公转。太阳系中只有太阳是靠热核反应发光发热的恒星，其他天体要靠反射太阳光而发亮。

太阳系

有关太阳系诞生的假说

太阳系的诞生

有关太阳系起源的学说大致分为两种。目前已基本确定，太阳和行星都是同时期的相同物质所形成。

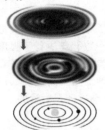

(1)星云说

旋涡状星云冷缩后其转速加快，使外围的物质相继分离，凝集成行星。

(2)灾变说

彗星等其他天体和太阳相撞后，它们的残骸渐成行星。

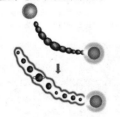

其他天体通过太阳附近，吸引出太阳内部物质形成行星。

太阳系的发现

16世纪，哥白尼提出了日心说：太阳居于宇宙的中心静止不动，而包括地球在内的行星都绕太阳转动。日心说把宇宙的中心从地球挪向太阳，这是一项非凡的创举。哥白尼的计算与实际观测资料能很好地吻合。后经开普勒、伽利略、牛顿等人的发展，该学说得到了令人信服的证明。虽然哥白尼在"太阳中心说"中没有提出太阳系这个概念，但实际上是他发现了太阳系。

太阳系最初的形态为缓慢旋转的高温气体。

太阳系的起源

太阳系大约形成于50亿年前。关于太阳系的形成，现有50多种不同的学说或假设，大致可归结为两大阵垒：灾变说和星云说。灾变说认为太阳系大体是在一次突然的剧变中产生的，太阳先于行星和卫星形成；星云说提出整个太阳系都是由同一块星云物质凝聚而成的。直到目前，星云说仍占据着主导地位。现代星云假说的主要观点是：太阳系原始星云是巨大的星际云瓦解的一个小云，一开始就在自转，并在自身引力作用下收缩，中心部分形成太阳，外部演化成星云盘，星云盘以后形成行星。

太阳

太阳是太阳系的中心天体，是太阳系里唯一的一颗恒星。它是个炽热的气体星球，没有固体的星体或核心。从中心到边缘可分为核反应区、辐射区、对流区和大气层。太阳能量的99%是由中心的核反应区的热核反应产生的。其中心的密度和温度极高，它发生着由氢聚变为氦的热核反应，而该反应足以维持100亿年，因此太阳目前正处于中年期。太阳大气层从内到外可分为光球、色球和日冕三层。光球层有光斑和太阳黑子。

太阳系的八大行星

金星　地球　火星　木星　土星　天王星　海王星

太阳系的八大行星

只围绕太阳旋转，本身又不能发光发热的星球，被人们统称为太阳的行星。目前已发现太阳系中有八大行星，按距离太阳远近排列依次为水星、金星、地球、火星、木星、土星、天王星、海王星。这些星体按性质可分为三类：类地行星（水星、金星、地球、火星）体积和质量较小，平均密度最大，卫星少；巨行星（木星、土星）体积和质量都非常大，平均密度很小，卫星多，有行星环，自身能发出红外辐射；远日行星（天王星、海王星）体积、质量、平均密度和卫星数目都介于前两者之间，天王星、海王星也存在行星环。八大行星都在接近同一平面的椭圆轨道上，朝同一方向绕太阳公转，即其轨道运动具有共面性、近圆性和同向性，只有水星稍有偏离。

太阳系的卫星

太阳系的八大行星中，除了水星和金星外，其他行星都有围绕自己的卫星。到目前为止，已知的行星卫星数目有130颗。木星卫星数居第一，至少有58颗卫星。有33颗卫星的土星在太阳系内居第二。个头最大的卫星是木星卫星甘尼米德，土卫六是太阳系中第二大卫星，而且土卫六是太阳系已知卫星中唯一有大气层的卫星。木星四颗最大的卫星，最早于17世纪由伽利略发现。另两个大卫星是月亮和特里顿，它们分别围绕着地球和海王星运转。在已知卫星中，近2/3是不规则卫星，具有大轨道半长径、高轨道倾角和大偏心率。

小行星、彗星和流星体

太阳系中，除了行星，还存在着数目众多的小质量天体，主要集中在火星和木星的轨道之间。已准确测出轨道并正式编号的小行星有3000多颗。彗星是一团由冰、灰尘和岩石组成的物体。已发现的彗星约有1700颗，其运行轨道通常是一个围绕太阳的拉得很长的椭圆型，其倾角和离心率彼此相差很大，有些彗星的轨道是双曲线的或抛物线的。太阳系内还有多得难以计数的流星体，有些流星体成群分布，称流星群，已证实一些流星群是彗星瓦解的产物。流星体一旦落入地球大气层便成为流星，大的流星体能够进入大气层落到地面成为陨石。

木星的四颗卫星

太阳系轨道

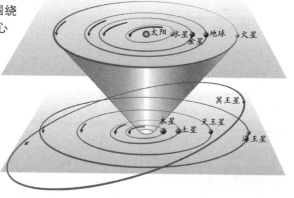

太阳　水星　地球　火星　金星

冥王星

木星　天王星

土星

海王星

哈雷彗星

哈雷彗星是人类最早发现的一颗周期彗星。1682年，英国天文学家哈雷观测到一颗太阳系中最明亮最活跃的彗星，人们就将这颗彗星以哈雷的名字命名。哈雷彗星平均76年回归太阳一次，它的回归是人们十分关注的一种天文现象。为了窥探它的真实面貌，世界上一些有实力的国家纷纷研制发射探测器，对它进行细致研究。

"乔托"探测器拍摄的哈雷彗核喷发现象

哈雷彗星的发现

1682年，英国天文学家哈雷发现了一颗光亮的大彗星。他仔细观测并认真计算了这颗彗星的观测数据，发现它与行星一样，也是绕太阳运行的，不同的是，这颗彗星在一条十分扁长的椭圆轨道上运行，最近能跑到金星轨道内侧；最远能跑到海王星轨道外侧，离太阳竟达53亿千米。哈雷还了解到它以前至少出现过两次，并确定了这颗彗星的公转周期约为76年，预测它会在1758年底或1759年初再次出现。哈雷的预测数据从历史资料和其后的几次彗星回归得到了验证。人们为了纪念哈雷这一重大发现，把这颗彗星命名为"哈雷彗星"。1986年是哈雷彗星在20世纪第二次也是最后一次回归地球。

英国天文学家哈雷

哈雷彗星的周期

哈雷彗星循着椭圆轨道绕太阳运行，它周期性地回归和来到太阳附近，所以又称为周期彗星。当一颗彗星被发现之后，根据多次观测，就可以计算出它的轨道要素，并确定它的轨道。轨道要素又称轨道根数，是指彗星运动

1986年4月哈雷彗星回归近日点的照片

轨道的半长径、偏心率、轨道倾角以及过近日点时刻等。通过对它们的计算就可以确定彗星的周期。哈雷彗星的平均周期为76年，就是依据以上方法算出的。哈雷彗星是短周期彗星。短周期彗星是周期不超过200年，就可再次回归和通过轨道近日点的彗星，而长周期彗星是周期超过200年才能回归的彗星。

埃德蒙·哈雷

哈雷是英国著名天文学家、数学家。他曾建立了南半球的第一个天文台，并测编了包含341颗南天恒星黄道坐标的第一个南天星表。著有《彗星天文学论说》一书。发现了一颗每隔76年回归一次的大彗星——"哈雷彗星"。哈雷还发现了天狼星、南河三和大角这三颗星的自行以及月球长期加速现象。

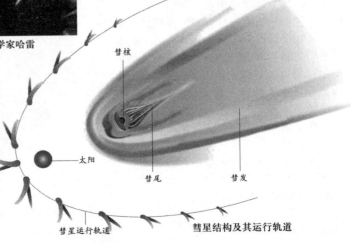

彗核

太阳

彗尾

彗发

彗星运行轨道

彗星结构及其运行轨道

经度

　　所谓经度，指的是本初子午线以东或以西的距离度数。目前国际公认的本初子午线，是一条虚构的曲线，从北极一直画到南极，穿过伦敦格林尼治的英国皇家天文台。因此，在经度上格林尼治是0°，世界以此为起点划分时区。

显示格林尼治标准时间的老钟就镶在格林尼治天文台原址的一面墙上。

经度的初定

　　15世纪，欧洲航海业逐渐走向常规化，随时测定船舶的位置成了各国科学家竞技的焦点。英国格林尼治天文台研究出了简易测定航海中船舶方位的方法，但测定位置需要两个参数：经度和纬度。海员们很早就懂得如何推算纬度，但是计算经度却很难。1730年，钟表匠约翰·哈瑞森拜会了当时格林尼治天文台的台长埃德蒙·哈雷，表明了可以做出精密经线仪的决心。此后29年间，哈瑞森用机械齿轮制作出了四代不需钟摆的计时器。他的第四代产品在62天的航行中仅出现了5秒误差，完全可以用来计算经度。在精密钟表的帮助下，1767年，根据格林尼治天文台提供的数据绘制成的英国航海历出版了。这份航海历上规定的0°经度线就是通过格林尼治天文台的经线。

绘有经纬度的地球仪

经度的推行

　　在英国初定0°经线之后，并非所有国家都愿意使用。各国航海家们在实际航行中常常采用某一航线的出发点作为起算点。19世纪，英国成为世界上最发达的国家。在航海业上的垄断地位和遍及世界的殖民地，都加快了格林尼治0°经线在全球的普及。1850年，美国决定采用格林尼治子午线。1853年，俄国宣布使用。到了1883年，全世界已经有90%以上的航海家用格林尼治经线做标准来计算经度。1884年，美国华盛顿召开的国际经度会议把经过格林尼治的经线正式确定为0°经线、世界时间计量和经度计量的标准子午线——"本初子午线"。

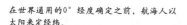

在世界通用的0°经度确定之前，航海人以太阳来定经纬。

现代的时区地图上可以看到清晰的本初子午线。

南极大陆

南极大陆位于地球最南端，土地几乎都在南极圈内，四周滨太平洋、印度洋和大西洋，是世界上地理纬度最高的一个洲。总面积约1366万平方千米，约占世界陆地总面积的9.4%。在七大洲中居第五位。南极大陆没有定居的居民，只有来自各国的科学考察人员和捕鲸队。南极以其独特的环境、地理风貌吸引着一代代科学家对它进行深入的探索和研究。

南极大陆

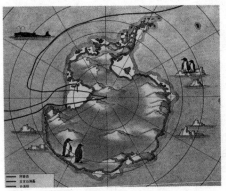

南极大陆地形图

南极大陆的环境特征和自然景观

南极大陆气候严寒，干燥，风大，日照少，覆盖大量冰盖，且冰层极厚。南极的冰盖是地球上最大的、举足轻重的固体水库。南极大陆的冰盖如果融化，世界上绝大部分的大陆都会被大海所淹没。南极虽然是大陆，却有着丰富的水资源，世界72%的淡水都在此处。南极大陆因其特殊的地理环境和气候条件，产生了"乳白天空"、"极昼极夜"、"极光"等独特的自然景观。"乳白天空"是由极地的低温与冷空气相互作用而形成的，发生时天地间浑然一片乳白光线，景物、方向无法辨别。"极昼极夜"指太阳永不落或永不出，天空总是亮的或黑的。"极光"是太阳发射出来的强大的带电微粒流与地球外围的稀薄气体冲击所产生的自然现象。

南极大陆的探索

1738年，法国人布维航海时在南纬54°51′处最早发现了一个冰大陆，即南极大陆附近的一个岛（今布维岛），由此揭开了人们探索南极大陆的序幕。1772~1775年，英国人库克几次进入南极圈，但却没有发现陆地。1819~1820年，英国人勃兰斯菲尔德乘船驶进一个大海峡（今勃兰斯菲尔德海峡），发现了陆地，即今天的南极半岛。1820年，俄国人白林斯高津率船队环绕南极航行，并于次年1月1日声明发现南极大陆。1820~1821年，美国人帕默尔发现了南极大陆的许多庞大的多山岛屿，即帕默尔岛。此后，科学家进一步深入探索南极。1840年，法国人迪蒙·迪尔维尔发现了陆地，命名为阿德雷地，并命名周围的水域为迪尔维尔海。1911年，挪威人阿蒙森首先到达南极点——南纬90°的地方，成为人类历史上到达南极点的第一人。英国人史考特比阿蒙森晚一个多月也到达了南极点。如今，各国在南极纷纷建立科学考察站，人类对南极的认识也不断深入。

南极的暖水湖

南极冰天雪地，然而在南极大陆维多利亚地区底部的范达湖是一个暖水湖：水温高达27℃。后来，探险家们进一步发现，南极大陆共有20多个湖泊，终年不冻，湖水温暖。科学家们对暖水湖的成因提出了各种看法，至今尚无定论，暖水湖仍是个谜。

南极冰山体积较大，顶部平坦

温室效应

温室效应指的是由于大气层中某些气体对地球辐射的红外线有很强的吸收作用，导致地球温度不断上升，类似温室大棚的一种吸热效应。在100年前，温室效应的适量存在是人类生存的重要前提，但近一个世纪来，它的影响加重，甚至威胁人类的正常活动。为此，各国政府鼓励人们节约用电，不滥砍滥伐，植树造林，以减缓温室效应带来的危害。

由于温室效应的影响，全球变暖，有些植物开花时间提前了。

温室效应的产生

温室效应主要是由于现代化工业社会过多燃烧煤炭、石油和天然气，这些燃料燃烧后放出大量的二氧化碳气体进入大气造成的。 二氧化碳气体具有吸热和隔热的功能。它在大气中增多的结果是形成一种无形的玻璃罩，使太阳辐射到地球上的热量无法向外层空间发散，从而导致地球表面变热。因此，二氧化碳也被称为温室气体。 此外，人类活动和大自然还排放其他温室气体，它们是：氯氟烃（CFC）、甲烷、低空臭氧和氮氧化物气体。这些气体都加剧了温室效应。

温室效应

温室效应的提出

瑞典的科学家斯潘蒂·阿莱纽斯于1896年提出：大气中的二氧化碳浓度上升，地表温度就会上升。美籍日本学者真郭淑郎在上个世纪中叶通过现代手法——用电子计算机计算温室效应气体的影响，验证了这个预测，从理论上再次确认温室效应气体对大气的结构和长期气候变动起到了重要作用，并将此现象命名为"温室效应"。

工业废气的排放加剧了温室效应。

温室效应的危害

温室效应带来了严重恶果：地球上的病虫害增加；海平面上升；气候反常，海洋风暴增多；土地干旱，沙漠化面积增大。科学家预测，如果地球表面的温度继续按现在的速度不断升高，到2050年全球温度将上升2～4℃，南北极地冰山将大幅度融化，导致海平面大大上升，一些岛屿国家和沿海城市将被淹于水中，其中包括几个著名的国际大城市：纽约、上海、东京和悉尼。

近年来，由于温室效应的影响，两极冰盖融化，大量的水流入海洋。

太阳黑子

　　明亮的太阳光球表面经常出现一些小黑点，这就是太阳黑子，其实就是太阳表面的低温区。它的数量和位置随着时间变化做规律性变化。太阳黑子的出现，将会影响通讯、威胁卫星、破坏臭氧层，这与人们的生活息息相关。

太阳光球及其上面的太阳黑子

本影
是太阳黑子较暗、较冷的中心。

半影
是本影外围较亮、较热的区域。

黑子结构

太阳黑子的发现

　　公元前28年，在中国的《汉书·五行志》中记载："河平元年三月乙未（现考证应为"乙末"），日出黄，有黑气，大如钱，居日中。"记录了太阳黑子的出现日期、形状、大小和位置，是世界上公认的最早的太阳黑子记录。1610年12月，伽利略用望远镜多次观察到太阳黑子。1774年，英国天文学家威尔逊观看黑子后，断定黑子在日面上是凹陷而不是凸出，这一断定事后得到证实，因此后人称太阳黑子为"威尔逊效应"。此后，各国天文爱好者和天文学家纷纷展开了对太阳黑子的进一步探索。

太阳黑子的产生和组成

　　"光球"是太阳表面的低层大气，温度约为6000℃，几乎全部可见光都出自光球。太阳黑子实际上就是光球表面的巨大漩涡，它并不是黑色的，只是相对于光球表面的温度低一些，大约为4000℃，所以黑子部分发射出的光线就比较少，看上去像一些深暗色的斑点。一个发展完全的黑子由本影和半影构成，中间凹陷大约500千米。本影指黑子中心处的黑暗区（暗核），半影指围绕着中心暗核带有纤维状结构的区域。半影比本影亮一些，但比光球暗淡。

太阳黑子的周期

　　太阳黑子的数量并不是固定的，它会随着时间的变化而上下波动，每11年会达到一个最高点，这11年的时间就被称之为一个太阳黑子周期。太阳黑子周期是1843年由一名德国天文学家发现的。美国国家大气研究中心高地天文台的太阳天文学家埃米·诺顿表示，不仅是太阳黑子的数量会在这11年中发生变化，同时它们所处的位置也会随之改变。每当一个太阳黑子周期开始的时候，最先出现的黑子总是在离赤道较远处（平均纬度为35°），然后由高纬度向低纬度方向移动，最终黑子出现的位置渐渐靠近太阳赤道。

太阳黑子和"日地关系"

　　科学家们研究发现，不仅太阳黑子周期性出现，"地磁暴"也表现出一种平均11年的周期性变化，而且两者的起伏变化基本吻合。也就是说地磁暴最大、最小的年份，正好与太阳黑子最多、最少的年份趋于一致。由此推断：黑子对于地球的影响必然要涉及人类的生产生活。现在，这一论断确实得到了科学家的证实。黑子与地球大气、磁场、气象、降水、气候变化、极光强弱变化都有着不同程度的关系。

黑子数目变化的周期约为11年。

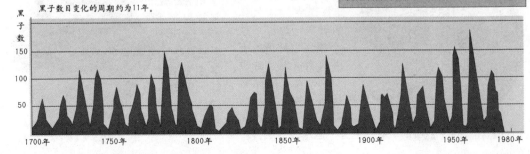

黑子数
150
100
50

1700年　1750年　1800年　1850年　1900年　1950年　1980年

厄尔尼诺现象

厄尔尼诺是一种发生在海洋中的现象，是海洋和大气相互作用不稳定状态下的结果，其显著特征是赤道太平洋东部和中部海域海水出现异常的增温现象。厄尔尼诺现象往往酿成全球性的灾难性气候异常，如接连出现的世界范围的洪水、暴风雪、旱灾、地震等。

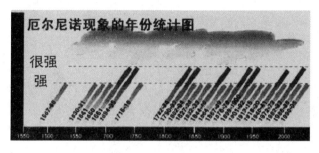

图为厄尔尼诺现象的简化模型。海洋上面的罗斯贝波从赤道附近的异常变暖的海面向西传播，当它达到海洋的西边界时会被反射成开尔文波。开尔文波向东传，起着抵消或改变原来的暖海温距平符号的作用，并引起降温。

厄尔尼诺的影响

厄尔尼诺的危害是极其严重的，它所到之处，大海里面的浮游生物、鱼类、海鸟大量死亡；它使得太平洋东岸的国家频频出现洪涝灾害，而在西太平洋地区的印度南部、菲律宾、印尼、澳大利亚以及中国则持久干旱。此外，厄尔尼诺常常抑制西太平洋热带风暴生成，但使得东北太平洋飓风增加。长期以来，科学家们一直追踪着厄尔尼诺，通过研究也进一步加深了对它的认识，做到更加准确的监测和治理。

森林因干旱和炎热而着火，这是"厄尔尼诺"带来的灾难之一。

厄尔尼诺现象造成很多地区严重干旱。

厄尔尼诺的由来

厄尔尼诺（ElNiro）是西班牙语的音译，原意为"圣婴"，即"上帝之子"，因为厄尔尼诺现象发生在圣诞节前后，与圣子耶稣的诞辰时间相近，故此得名。1891年，秘鲁利马地球物理学主席路易斯·卡过泽就提示人们注意秘鲁沿岸以北向南的暖性逆流。不过，科学家们注意到厄尔尼诺现象则是在20世纪60年代后期到70年代的事，人们发现，厄尔尼诺现象不仅使南美渔业、农业受损，而且会导致全球气候异常。

厄尔尼诺的成因

对厄尔尼诺现象形成的原因，科学界有多种观点，比较普遍的看法是：在正常状况下，北半球吹东北信风，南半球吹东南信风。信风带动海水自东向西流动，形成赤道洋流。从赤道东太平洋流出的海水，靠下层上升涌流补充，从而使这一地区下层冷水上翻，水温低于四周，形成东西部海温差。但是，一旦太平洋地区的冷水上翻减少或停止，大范围的海水温度异常减弱，使赤道东太平洋地区的冷水上翻减少或停止，海水温度就会升高，形成大范围的海水温度异常增暖。而突然增强的这股暖流沿着厄瓜多尔海岸南侵，使海水温度剧升，造成冷水鱼群大量死亡，海鸟因找不到食物而纷纷离去，渔场顿时失去生机，导致沿岸国家遭到巨大损失。

宇宙射线

宇宙射线，指的是来自于宇宙的一种具有相当大能量的带电粒子流。在靠近地球的太空中，每秒每平方厘米约有一个宇宙射线穿过，不停地轰炸着地球。每天都有数以千计的宇宙射线穿过我们的身体。宇宙射线由德国科学家韦克多·汉斯最先发现。

由宇宙射线和地球磁场相互作用而发生的极光，极为壮观。

宇宙射线的发现和探索

1912年，德国科学家韦克多·汉斯发现电离室内的电流随海拔升高而变大，从而认定电流是来自地球以外的一种穿透性极强的射线所产生的。1925年，美国物理学家密立根将这种射线取名为"宇宙射线"。1938年，法国人奥吉尔又发现宇宙射线在穿过大气层时与氧、氮等原子核碰撞转化出次级宇宙射线粒子，而这些粒子又产生一个庞大的粒子群，他把这称为"广延大气簇射"。

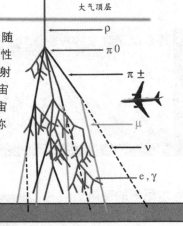
大气顶层
ρ
π^0
$\pi\pm$
μ
ν
e, γ
地面
广延大气簇射

在太空中飞行的飞机面临着受到宇宙射线攻击的危险。

宇宙射线的来源和成分

宇宙射线的研究已逐渐成为了天体物理学研究的一个重要领域，许多科学家都试图解开宇宙射线之谜，但直到现在，对宇宙射线的起源尚无定论。一般认为宇宙射线的产生可能与超新星爆发有关，另一种说法则认为宇宙射线来自于爆发之后超新星的残骸。在地球大气层以外，宇宙射线的主要成分是高能的质子、阿尔法粒子（氦原子核）和其他一些较轻的原子核，其穿透性极强。当冲过大气层之后，大部分被岩石吸收。

宇宙射线示意图

宇宙射线的危害

当宇宙射线到达地球的时候，部分透过大气层阻挡的辐射的强度仍然很大，很可能对空中交通产生一定程度的影响。宇宙射线射入人的眼睛，对人的眼睛的伤害程度是很严重的，尤其是对宇航员来说，它能使人的大脑产生错觉，好像是看见面前有闪光一样。最近，有科学家表示长期以来普遍受到国际社会关注的全球变暖问题很有可能也与宇宙射线有直接关系，另有科学家表示宇宙射线很有可能与生物物种的灭绝与出现有关。当然，这些观点仍有待证实。

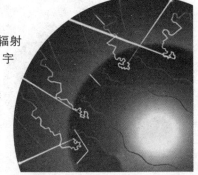

黑洞

　　黑洞不是通常意义下的星体，而是空间的一个区域，一种特殊的天体。它具有极强大的引力场，以至任何东西，甚至连光都不能从它那里逃过。它成为宇宙中一个"吞食"物质和能量的陷阱。它是当代科学"六大悬案"之一，科学家已苦苦追寻它近200年。

神秘的黑洞

黑洞的探索

　　1798年，法国人拉普斯利根据牛顿万有引力和光的微粒学说，最早提出黑洞存在，并假设它是一个质量很大的神秘天体。1916年，德国物理学家史瓦西预言存在五种不旋转、不带电的黑洞（称为"史瓦西黑洞"）。1965年美国探索到了"天鹅座X-1"——一个特别强的X射线源，才真正打开了探测黑洞的大门。20世纪70年代，英国科学家史蒂芬·霍金把量子理学与广义相对论综合起来，进行黑洞表面量子效应的研究，把黑洞理论研究又推进了一步。

天鹅座X-1是一个明亮的蓝色星体，是目前黑洞最理想的候选者。

黑洞的成因

　　关于黑洞的成因，人们的解释各不相同。有人认为，恒星在其晚年因核燃料被消耗殆尽，便在自身引力下开始坍缩。如果坍缩星体的质量超过太阳的3倍，那么其坍缩的产物就是黑洞。有人认为，黑洞是超新星爆发时一部分恒星坍毁变成的。还有人认为在宇宙大爆炸时，其异乎寻常的力量把一些物质挤压得特别紧密，形成了"原生黑洞"。尽管人们还不能揭开黑洞的神秘面纱，但随着科学的不断发展和人们对它的进一步深入研究，这个谜团终将被揭开。

黑洞吞食物质示意图

黑洞吞食的方式

　　黑洞吞食周围物质的方式有两种：一种是拉面式，即当一颗恒星靠近黑洞，就很快被黑洞的引力拉长成面条状的物质流，迅速被吸入黑洞中，同时产生巨大的能量（其中包括X射线）；另一种是磨粉式，即当一颗恒星被黑洞抓住以后，就会被其强大的潮汐力撕得粉身碎骨，然后被吸入一个环绕黑洞的抛物形结构的盘状体中，在不断旋转中，由黑洞慢慢"享用"，并产生稳定的能量辐射。

宇宙大爆炸

宇宙爆炸论是关于宇宙诞生于一次大爆炸的假说。宇宙在大爆炸之初是一大片由微观粒子构成的均匀气体，体积小，温度高，密度大，且以很大的速率膨胀着。这些气体在热平衡下有均匀的温度。这统一的温度是当时宇宙状态的重要标志。气体的热膨胀使温度降低，原子

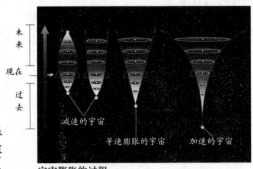
宇宙膨胀的过程

核、原子乃至恒星系统得以相继出现。随着温度和密度的继续降低，宇宙早期存在的微小涨落在引力作用下不断增大，最后逐渐形成今天宇宙中的各种天体。

物质在宇宙爆炸后诞生。

宇宙大爆炸理论的提出和发展

1932年，比利时人勒梅特首次提出了宇宙大爆炸理论：整个宇宙最初聚集在一个"原始原子"中，后来发生大爆炸，碎片散开，形成宇宙。1948年，美籍俄国人伽莫夫提出了热大爆炸宇宙学模型：宇宙开始于高温、高密度的原始物质，最初温度超过几十亿度，随着温度下降，宇宙开始膨胀。1965年，美国人彭齐亚斯和威尔逊发现了宇宙大爆炸的遗迹背景辐射，为大爆炸理论提供了重要依据。英国科学家史蒂芬·霍金对宇宙起源后10～43秒以来的宇宙演化图景作了清晰的阐释。

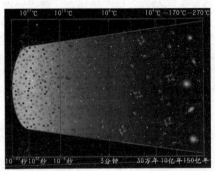
从爆炸到星系诞生。

宇宙大爆炸的证据

大爆炸理论成为主流的宇宙形成理论，主要因为它有如下证据：a）从遥远的星系都在离我们而去的现象可推测出宇宙在膨胀。b）哈勃定律说明了宇宙的运动和膨胀。c）在主导今天宇宙学领域的标准模型中所预测的氢与氦元丰存度以及微量元素的丰存度得到验证。d）1965年，宇宙大爆炸的遗迹背景辐射被测得。e）背景辐射的微量不均匀，证明宇宙最初的状态并不均匀。f）2000年，科学家们发现，一个遥远的气体云在数十亿年前的温度确实比现在的宇宙温度要高。

宇宙自爆炸以来一直在不断膨胀。

暴胀

宇宙爆炸之后经历了一次快速膨胀，称为暴胀。在暴胀之前，宇宙体积极小，星系或其前身全都紧密地挤在一起。在暴胀阶段，由于光速赶不上暴胀的速度，它们之间彼此失去了联系。暴胀结束后，膨胀速度开始放慢，因此各星系间又逐渐恢复了联系。物理学家将暴胀所迸发的能量，归因于大爆炸之后一个新的量子场"暴胀子"中所储存的势能。势能可以产生引力排斥效应，从而加速宇宙膨胀。

第三章 **Part3**
生命科学
Science of Life

人类一直都在探索着生命的真谛。化石的发现，为探索生命拉开了序幕，它向人们揭示了在人类出现以前，地球上曾有上万种物种存在过。进化论的提出让人类开始思考自己究竟起源于何时，又是由什么生命进化而来等一系列问题。而细菌的发现，则为人类展现了一个丰富多彩的微观世界。随着科技的发展，DNA、试管婴儿、克隆技术的发明与发现完全颠覆了人类原来熟知的生命现象。人们发现:原来人类完全可以掌握自己的命运，可以破解自己的基因密码，可以创造新的生物。

化石

在漫长的地质年代里，地球上曾经生活过无数种生物，这些生物死亡后的遗体或是生活中遗留下来的痕迹，许多都被当时的泥沙掩埋起来。在随后的岁月中，这些生物遗体中的有机质分解殆尽，坚硬的部分如外壳、骨骼、枝叶等与包围在周围的沉积物一起经过石化变成了石头，但是它们原来的形态、结构（甚至一些细微的内部构造）依然保留着；同样，那些生物生活时留下的痕迹也可以这样保留下来。我们把这些石化了的生物遗体、遗迹就称为化石。

彗星虫化石。它属于三叶虫的一种，产于英国，头胸部有许多刺状突起。

最早发现的化石——恐龙化石

世界上最早发现恐龙化石的人是英国南部小镇萨西克斯的医生曼特尔。1822年他在一次出诊时，在一个山丘的崖壁上发现一块化石，后经伦敦汉得利安博物馆鉴定为古代爬行动物的牙齿化石。1824年，这块化石被英国古生物学家欧文命名为"恐龙"，意思是巨型蜥蜴。

化石是保存在地层中的生物遗体、遗迹。在一些年代久远的地层就会找到它们的身影。

保存完整的恐龙化石

菊石是已灭绝的海生无脊椎动物，产于浅海的沉积地层中，并与许多海生生物化石共生。

化石的形成

从生物体本身来说，要使遗体成为化石，一般要具有有利于保存的生物体结构，主要是生物体中的硬体。无脊椎动物的外壳、贝壳、甲壳，脊椎动物的骨骼，特别是牙齿，植物的树干、纤维和孢子及花粉等，这些都容易形成化石。从外部环境来说，必须有掩盖物将遗体迅速掩埋起来，免遭生物、环境和化学的破坏。一般说来，掩盖物质粒度越小（如淤泥、细砂等）、越多，沉积作用越快，再加上保存时没有生物破坏或具有防腐作用，就容易形成完整而精美的化石。化石一般保存在沉积岩中，但在火山岩、熔岩中有时也有发现。经过变质和地壳变形，多数化石都有不同程度的破坏。生物死亡留下遗体（包括落叶、蜕壳、脱羽等未死亡的生物留下的），经沉积物的埋葬、成岩作用和地质作用而最终形成化石。

化石的种类

地层中的化石按其保存的特点，可分为实体、遗迹和化学化石三大类。实体化石，是指生物遗体或与遗体有关的化石。遗迹化石，通常指古代生物生活活动时在地质沉积物表面或内部留下的活动痕迹。现代化学研究表明，古代生物遗体虽已消失，但组成生物体的一些有机物，能未经变化或轻微变化地保存在各个时代的地层中。这些古老有机物分子，都具有一定的化学分子结构，能证明古代生物的存在，称为化学化石。

琥珀是树脂的化石，其中封住了不同种类的昆虫。

进化论

　　进化论是关于生物界历史发展的一般规律的学说，主要内容包括生物的变异性和遗传性、物种的起源、生存竞争等。进化论首次勾画出了生命由简单到复杂、由低级向高级发展的图式，创立了自然选择理论，为生命科学的研究和发展奠定了科学的基础。

达尔文在《物种起源》一书中，提出了进化论。

进化论的提出

　　1959年，达尔文的《物种起源》问世，他在书中，提出了以"自然选择"为核心的科学进化学说。此学说认为，世界上存在各式各样的生物，都是由共同祖先进化而来，因而表现出它们的一致性，即生物共同起源的理论。认为生物个体都在一定的生存环境下发生变异，那些具有有利变异的个体，则能适应环境存活下来，并繁殖后代；那些不具有有利变异的个体，则适应不了环境，就被淘汰，即"适者生存，不适者淘汰"的理论。主张生物个体在长时间的演化中，经过自然选择，其微小的变异积累为显著的变异，于是形成新的物种或新的亚种，即渐进的理论。这就是达尔文提出的进化论。

进化论认为：人是由猿猴进化而来的。

渐进与跃进

　　达尔文的进化论中一再宣称"自然界没有飞跃"，而事实上，30多亿年的生命演化史上爆发性发展的现象屡见不鲜，自然界和生物界的飞跃也是一个接一个。在生命演化史上有"寒武大爆发"、"埃迪亚卡拉大爆发"、"三叠大爆发"、"早第三纪大爆发"等跃进的进化现象。鉴于大量事实，美国科学家埃尔德蕾奇和古尔德于1972年提出了一个全新的生物进化理论——"间断平衡论"。该理论指出，生物的进化不像达尔文所强调的那种连续渐进的进化过程、线性进化模式和缓慢变异积累的新种形成作用，而是渐进与跃进交替的进化过程、间断平衡的进化模式，以及基因突变或地理隔离的成种作用。该理论较合理地解释了生命演化史上的很多纪录，最为重要的一点是指出了生物界的进化不但有渐进，而且有跃进。

查理·罗伯特·达尔文

　　达尔文是英国著名的博物学家。16岁时在苏格兰爱丁堡大学学医。19岁时到剑桥大学学习神学，22岁毕业。期间结识了植物教授亨斯罗，地质学教授塞特威克，为他以后进行生物学、地质学研究打下了基础。1831～1836年他随"贝格尔号"舰作历时五年的环球考察。通过观察研究最终创立了生物进化论。著有《随贝格尔号考察各国地质和自然史的日记》(1839)、《物种起源》(1859)等著作。

始祖鸟化石

进化论的提出者——达尔文

细菌

细菌属于微生物的一大类，体积微小，必须用显微镜才能看见。细菌有球形、杆形、螺旋形、弧形、线形等多种，在自然界中分布很广，对自然界物质循环起着重大作用。有的细菌对人类有益；有的细菌则能使人类、动物等感染疾病。

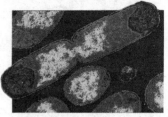

这是大肠杆菌的显微图片，大肠杆菌是一种很常见的细菌。

细菌的发现

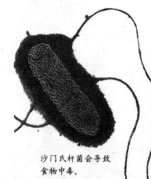

沙门氏杆菌会导致食物中毒

1676年，荷兰人列文虎克最早发现了细菌。他通过自制的显微镜最先发现了污水、牙垢等物质中的细菌。19世纪50年代，人们发现许多食品，如牛奶、葡萄酒和啤酒放置久了就会变质，很长时间以来，没有人知道其中的原因。法国化学家、生物学家巴斯德通过精心研究，揭示出这是微生物细菌在作怪，并发明了灭菌法。后来，在普法战争中，巴斯德告诫医生们手术前后要使用灭菌法消毒所有器具和包扎用品，防止病人伤口感染。

细菌的结构

细菌的结构对细菌的生存、致病性和免疫性等均有一定作用。细菌的结构按分布部位大致可分为：表层结构，包括细胞壁、细胞膜、荚膜；内部结构，包括细胞浆、核蛋白体、核质、质粒及芽胞等；外部附件，包括鞭毛和菌毛。习惯上又把一个细菌生存不可缺少的，或一般细菌通常具有的结构称为基本结构，而把某些细菌在一定条件下所形成的特有结构称为特殊结构。

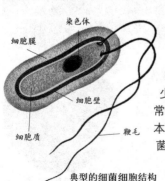

染色体
细胞膜
细胞壁
细胞质
鞭毛

典型的细菌细胞结构

细菌的繁殖与代谢

细菌具有独立的生命活动能力，只要有充足的营养物质、适宜的温度、合适的酸碱度、必要的气体环境，细菌就能够快速地生长繁殖。在细菌代谢过程中，可产生多种对人类的生活及医学实践有重要意义的代谢产物。细菌新陈代谢有两个突出的特点：一是代谢活跃，即细菌菌体微小，相对表面积很大，因此，物质交换频繁、迅速，呈现十分活跃的代谢；二是代谢类型多样化，即各种细菌其营养要求、能量来源、酶系统、代谢产物各不相同，形成多种多样的代谢类型，适应复杂的外界环境。

细菌一分为二的繁殖过程

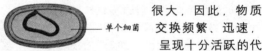
单个细菌

染色体复制

细胞壁展开

分裂成两个完全一样的细菌

有益细菌

大多数细菌对人体是有益的。某些细菌甚至对生物体的健康起着至关重要的作用。例如，人类消化系统中的细菌能将有害细菌消灭；而牛、羊之类的哺乳动物胃内的细菌能帮助它们消化牧草；有些豆类植物能利用它们根瘤中的细菌从空气中吸收氮并将其转化成硝酸盐；有些细菌还能将自然界的废弃物分解，是大自然的"清洁工"。

巴斯德在实验室里观察牛奶发酵的现象。

海洋生物

　　海洋生物是指生活在海洋中的动物和植物。海洋是生命的摇篮。从第一个有生命力细胞诞生至今，有20多万种生物生活在海洋中，其中海洋植物约10万种，海洋动物约16万种。从低等植物到高等植物，植食动物到肉食动物，加上海洋微生物，构成了一个特殊的海洋生态系统，蕴藏着巨大的生物资源。据估计，全球海洋浮游生物的年生产量为5000亿吨，在不破坏生态平衡的情况下，每年可向人类提供300亿人食用的水产品，这是一座极其丰富的人类未来食品库。

40亿年前

生命的演化

海洋生物新发现

　　海洋中的生物大多都生活在海面以下不太深的地方，以前的人们并不知道在海洋的更深处还有生物存在。到19世纪时，深海中有生物，已被事实确证。随着越来越多的

广阔的大海中生活着许多美丽的生物。

深潜器向各大海底讲发，新的神秘生物不断被发现。1954年，法国潜水专家库斯托乘深潜器潜入2100米的海洋深处，他从观察窗里看到了深海乌贼发射"烟火"的情景。这只长约45厘米的深海乌贼喷射出一滴滴明亮闪光的液体，水中顿时出现了许多灿烂的蓝绿色光点，这些光点在黑暗的深海里持续了好几分钟。1979年，美国一支海洋考察队在太平洋加拉帕戈斯群岛附近海域的深水下发现了大胡子蠕虫、大得出奇的蛤和蟹，以及一些类似蒲公英的生物。科技的发展，让人们发现了越来越多未知的海洋生物，让人们对广阔神秘的大海充满了好奇和向往。

深海宽咽鱼

海洋生物的分布

　　海洋是含有一定盐分的水体，在其中栖息的生物必须能适应咸水生活。在海洋表面的透光层，栖息着无数的浮游生物。大量极小的藻类，利用光合作用制造的养分，成为其他动物的食物。因此，大多数海洋生物都生活在海洋的表层。因为没有一块大陆能把海洋完全隔开，所以海洋生物能够漫游全球的海域。而在海洋深处，阳光逐渐减弱，海水的压力大大增加，温度也随着深度而下降，不过这里仍生活着一些古怪的生物，它们大多靠下沉的生物遗体生存。

大多数的海洋生物生活在接近海平面的水中。

深海地带的海洋生物群落

　　海洋越深，光线越暗。水面以下200米，几乎漆黑一片，任何植物都不能生长，然而在更深的海域中，也生存着鱼类和其他动物。夜里，有些鱼类游到海面，寻找浮游生物为食，黎明时又潜回黑暗的海底躲避危险。许多深海动物常互相捕食，另一些则以沉积在海底的碎屑为生，如贝类、蠕虫、海参等。

DNA

DNA是脱氧核糖核酸的英文缩写，又称去氧核糖核酸，是染色体的主要化学成分，同时也是组成基因的材料。DNA存在于细胞核、线粒体、叶绿体中，也可以以游离状态存在于某些细胞的细胞质中。大多数已知噬菌体、部分动物病毒和少数植物病毒中也含有DNA。除了RNA（核糖核酸）和噬菌体外，DNA是所有生物的遗传物质基础。生物体亲子之间的相似性和继承性即所谓遗传信息，都贮存在DNA分子中。

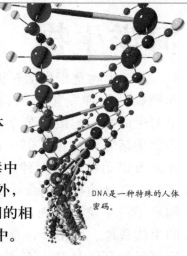

DNA是一种特殊的人体密码。

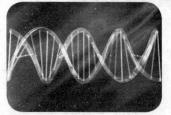

DNA的发现对于揭示人体的奥秘起了很重要的作用。

破译遗传的密码——DNA的发现

DNA在1869年首先由德国生物化学家米舍尔所发现。1953年，美国生物化学家詹姆斯·沃森、英国分子生物学家弗朗西斯·克里克和英国生物物理学家莫里丝·维尔金共同描述了DNA的结构：由一对多核苷酸链相互盘绕组成双螺旋。这三位科学家因此共同获得了1962年的诺贝尔生理学或医学奖。

DNA的结构

DNA是由两条长的互相连接缠绕的条状物构成的双螺旋结构，两侧的长链由脱氧核糖分子和磷酸分子交替组成，中间的横栏由成对的碱基组成。碱基是由氮元素和其他元素结合形成的一类分子，有四种类型，分别是：腺嘌呤（A）、胸腺嘧啶（T）、鸟嘌呤（G）和胞嘧啶（C）。

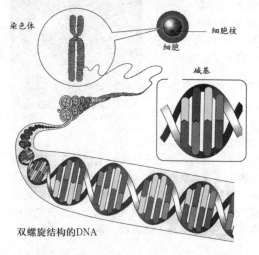

染色体
细胞核
细胞
碱基

双螺旋结构的DNA

DNA的复制

DNA分子复制时，两条侧链解开，从成对的碱基中间分开，然后，游离在细胞核中的碱基与DNA分子每条侧链上的碱基配对。碱基配对的规律是：A与T配对，G与C配对。每个新的DNA分子的碱基顺序都与原来的DNA分子完全一致。DNA复制保证了每一个子细胞都能获得完整的遗传信息。

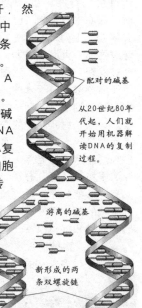

配对的碱基

从20世纪80年代起，人们就开始用机器解读DNA的复制过程。

游离的碱基

新形成的两条双螺旋链

DNA的复制过程

遗传密码

　　染色体上的基因可能由几个碱基组成，也可能由几百万个甚至更多的碱基组成，基因中的碱基排列顺序构成了遗传密码。在A、T、G、C这4个碱基中，每3个碱基构成一组被称为"密码子"的碱基组合。每个"密码子"都有特定的氨基酸与其相对应，所以"密码子"的排列顺序决定了氨基酸按什么顺序来组装蛋白质。

孩子们的长相与父母会有一些相似之处，这是由遗传基因决定的。

携带遗传信息帮助合成蛋白质的RNA

脱氧核糖核酸（DNA）的结构模型

　　RNA（核糖核酸）其实与DNA分子双链螺旋结构的半边结构相似。RNA上的碱基有腺嘌呤（A）、鸟嘌呤（G）、胞嘧啶（C）和尿嘧啶（U），与DNA不同的是，它用尿嘧啶（U）代替了胸腺嘧啶（T）。在蛋白质合成中，信使RNA以细胞核中的DNA分子为模板来进行镜像合成，然后穿过核膜来到细胞质，在那里，含有特定"密码子"的运转RNA携带特定氨基酸，根据信使RNA上的信息开始装配蛋白质。

遗传信息在DNA和RNA之间传递的过程

　　首先，DNA分子从碱基对中间开始解链；接着，信使RNA的碱基再与其中一条DNA侧链上的碱基逐个配对，即A与U配对，G与C配对，这样使DNA上的遗传信息传递到了信使RNA链上。信使RNA进入细胞质后就附着在核糖体上开始合成蛋白质链。转运RNA一边沿着信使RNA移动，一边不断地"解读"着每个"密码子"。当转运RNA携带的"密码子"与信使RNA上的"密码子"相配对时，转运RNA把它所携带的氨基酸添加到蛋白质链上，这样就保证了蛋白质中有正确的氨基酸序列。

DNA的分子模型

科学家们现在正在研制一种DNA芯片，它将人类的基因信息都存储在上面。这种芯片将成为以后生命科学研究的新方法。

DNA芯片

　　DNA芯片，又称基因芯片，实质上是一种高密度的DNA探针阵列。它采用在位组合合成化学和微电子芯片的光刻技术，或者利用其他方法将大量特定系列的DNA片段（探针）有序地固化在玻璃或衬底上，从而构成储存有大量生命信息的DNA芯片。DNA芯片可检测到大量相应的生命信息，包括基因识别、鉴定以及基因突变和基因表达等方面的生命信息。目前，DNA芯片不作为分子的电子器件来用，也不用于DNA计算机，主要是对生命信息进行储存和处理。但正是基于它对生命信息并行处理的原理，使DNA芯片可快速、高效、同时地获取空前规模的生命信息。这一特性很有可能使DNA芯片技术成为今后生命科学研究和医学诊断中革命性的新方法。

试管婴儿

试管婴儿也称"体外授精、胚胎移植"，是指从女方的卵巢中取出成熟的卵子和男方的精子在体外授精，并发育到8个细胞阶段后再移植到母体子宫内发育成胎儿的技术，成功率约为10%～30%。试管婴儿的诞生，标志着人类对自身生殖过程的认识有了一个质的飞跃，是医学史上的一大奇迹。

试管婴儿的诞生为许多家庭带来了欢乐。

试管婴儿的诞生

试管婴儿的研究已有几十年的历史。1965年，英国生理学家爱德华兹和妇科医生斯蒂托提出了在玻璃试管内可能受孕的证据。经过10多年的努力，他们找到了解决问题的办法：从妇女体内取出卵子，在实验的试管中培养受精，细胞分裂一开始，就将其放回妇女的子宫内培育。第一个试管婴儿于1978年7月25日，在英国的奥尔德姆市医院诞生，她的名字叫路易丝·布朗。全世界的新闻媒体都把镜头瞄准了她，因为她有一个特殊的称谓——"试管婴儿"。试管婴儿是人类胚胎学的重大突破。到1997年，仅英国已诞生的试管婴儿就有2万多名。

事实证明试管婴儿可以和正常出生的孩子一样健康成长。

试管婴儿技术的发展

试管婴儿技术已发展到第三代。第一代试管婴儿技术起步于20世纪70年代末，是将精子和卵子置于体外利用各种技术使卵子受精，培养一个阶段后移入子宫，使女性受孕生子。此技术适用于双侧输卵管梗阻或切除后的不育患者。第二代试管婴儿采用单精子胞浆内显微注射（ICSI），使试管婴儿技术的成功率得到很大的提高，而且使试管婴儿技术适应人群的范围扩大，适于男性和女性不孕不育症。第三代试管婴儿（种植前遗传学诊断PGD）的技术满足了某些携带遗传病基因的夫妇渴望生一个健康无遗传疾病的孩子的愿望，这项技术不仅可以使不孕不育夫妇喜得贵子，而且还能优生优育。今后的辅助生育技术可以是经过基因检测，去掉不良的基因或修补基因得到优良的精子后再进行单精子胞浆内显微注射，使出生的孩子不再携带父辈的遗传缺陷。

试管婴儿的成果为人们带来了希望，只要能够正确应用这项技术，它将会发挥出更大的作用。

试管婴儿技术的意义

试管婴儿的诞生，在给不育的家庭带来希望的同时，也存在一些隐患，有可能造成社会、伦理、法律等方面的许多问题。比如容易导致一胎多生，或因这项技术能够选择性别而造成出生人口比例失衡等弊病。但试管婴儿的成果也是无可非议的。它为人工控制生殖创造了条件，为人类优生打下了基础，为不育的夫妇带来了希望，为胚胎学的研究创造了有力条件，而且此项技术如果应用于畜牧业，对推广良种、培育良种有重大的实际意义。

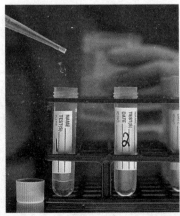

试管婴儿技术极其精细，不能产生丝毫的差错。

基因工程

如果将一种生物的DNA中的某个遗传密码片断连接到另外一种生物的DNA链上去，可以将DNA重新组织，按照人类的设想设计出新的遗传物质并创造出新的生物类型。这种完全按照人的意愿，由重新组装基因到新生物产生的生物科学技术，就称为"基因工程"，也叫"基因重组"或"遗传工程"。

利用基因技术改良的西红柿

基因工程的诞生

1973年，美国斯坦福大学教授科恩从大肠杆菌里取出两种不同的质粒。它们各自具有一个抗菌素药基因，把两个基因"裁剪"下来，再把这两个基因"拼接"在同一个质粒中。新的质粒叫"杂合质粒"。当这种杂合质粒进入大肠杆菌体内后，这些大肠杆菌就能抵抗两种药物，而且这种大肠杆菌的后代都具有双重抗药性。这个实验标志着基因工程的首次胜利。1974年，科恩又将非洲爪蟾的DNA与大肠杆菌的质粒"拼接"，结果动物基因进入到大肠杆菌的细胞中，并转录出相应的mRNA产物。这是一次成功的基因克隆实验。这个实验说明：基因工程完全可以不受生物种类的限制而按照人类的意愿去拼接基因，组装生命。科恩随后以DNA重组技术发明人的身份向美国专利局申报了世界上第一个基因工程的技术专利。

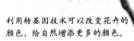

利用转基因技术可以改变花卉的颜色，给自然增添更多的颜色。

基因工程的核心

基因工程的核心技术是DNA的重组技术，也就是基因克隆技术。这种技术利用供体生物的遗传物质，或人工合成的基因，经过体外或离体的限制酶切割后与适当的载体连接起来形成重组DNA分子，然后再将重组DNA分子导入到受体细胞或受体生物构建转基因生物，该种生物就可以按人类事先设计好的蓝图表现出另外一种生物的某种性状。

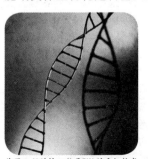

基因工程的核心就是DNA的重组技术。

基因工程的应用

基因工程技术几乎涉及到人类生存所必需的各个行业。如将一个具有杀虫效果的基因转移到棉花、水稻等农作物物种中，这些转基因作物就有了抗虫能力，因此基因工程可以应用到农业领域；要是把抗虫基因转移到杨树、松树等树木中，基因工程就被应用到林业领域；把生物激素基因转移到动物中去，这就与渔业和畜牧业有关了；如果利用微生物或动物细胞来生产多肽药物，那么基因工程就可以应用到医学领域。总之，基因工程应用前景将是十分广阔的。

利用转基因技术可以增加蔬菜的营养成分，还可以提高产量。

克隆技术

克隆技术的诞生是基因工程领域的
一大突破。

克隆是指复制与原件完全一样的副本的过程。从
生物学的角度来讲，克隆是一种人工诱导的无性繁殖
方式或者是植物的无性繁殖方式。一个克隆就是一个
多细胞生物在遗传上与另外一种生物完全一样。科学
家把人工遗传操作动物繁殖的过程叫克隆，这门生物
技术叫克隆技术。

克隆羊"多莉"

克隆技术的出现

克隆是英语Clone的音译，指人工诱导的无性繁殖。1997年2
月22日，英国生物遗传学家伊恩·威尔穆特成功地克隆出了一只
羊。克隆羊"多莉"的诞生震惊了世界。动物克隆试验的成功在细
胞工程方面具有划时代的意义。威尔穆特因此被称为"克隆羊之
父"。"多莉"的诞生，意味着人类可以利用动物的一个组织细
胞，像复印文件一样，大量生产出相同的生命体，这就是神奇的克
隆技术。它是基因工程研究领域的重大突破。

克隆的过程

克隆的基本过程是先将含
有遗传物质的供体细胞的核
移植到去除了细胞核的卵细胞中，利用微电流刺激等方法
使两者融合为一体，然后促使这一新细胞分裂繁殖发育成
胚胎，当胚胎发育到一定程度后，再植入动物子宫中使动
物怀孕，经过一段时间孕育，便可产下与提供细胞者基因相
同的动物。这一过程中如果对供体细胞进行基因改造，那么
无性繁殖的动物后代基因就会发生相应的变化。

克隆技术是一个十分复杂的过程，
一点技术差错就会导致试验失败。

克隆技术的应用前景

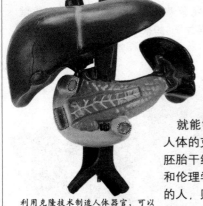

利用克隆技术制造人体器官，可以
解决器官移植时的异体排斥问题。

克隆技术的出现和发展，为农业、医学和社会生活的各
个方面都提供了广阔的应用前景。如将高产奶牛的体细胞移
植到普通牛体里，出生后的克隆牛还是高产奶牛，这样人类
就可以通过克隆技术来改变奶牛低产的局面。另外，克隆技
术对人类自身也存在着广阔的应用前景。比如器官移植，将
不同体的器官放在一起，就会出现排斥反应。应用克隆技术
就能够克服异种之间或是异体之间的排异现象。目前科学界把对
人体的克隆分为治疗性克隆和生殖性克隆两种。治疗性克隆是指利用
胚胎干细胞克隆人体器官，供医学研究和临床治疗，因此国际科学界
和伦理学界对此普遍支持。但对生殖性克隆，即通常所说的克隆完整
的人，则遭到很大的抵制。克隆技术存在的过度发展和滥用，已经引
起了人们的担忧，只有善用克隆技术才能真正地用它造福人类。

96

第四章 **Part4**
医疗应用
Medical Treatment

　　古时，人们还没有系统的医学知识，也不了解什么药物能够治病，什么办法能够缓解病痛。古代有智慧的人们发明了针灸这种简便能方法减轻自己的病痛。随着医疗技术的发展，人们发明了许多与之相配套的医疗器具。这些工具及时让医生诊病可以更加精确，减少了误诊、耽误病情的情况出现。神经与血液循环的发现，让人类知道感知感应外界信息的是遍布人体的神经;血液是在血管中奔流不息的。在对疾病的探索过程中，科学家发现，人体如若缺少一些微量元素，身体会出现问题，这样便有了维生素的发明。随着各种新发明和新发现的诞生，医学领域将进入一个崭新的时代。

针灸

　　针灸是中国传统医学中一门独特的疗法。"针"即针刺，以针刺入人体穴位治病。"灸"即艾灸，以火点燃艾炷或艾条，烧灼穴位，将热力透入肌肤，以温通气血。针灸就是通过上面的方式刺激体表穴位，并通过全身经络的传导，来调整气血和脏腑功能，从而达到"扶正祛邪"、"治病保健"的目的。针灸因为易学易用，已经在现代家庭医疗中发挥越来越重要的作用。

针灸是起源于中国的一种古老的医疗方法。

必须找到准确的穴位治疗，针灸才能真正达到治病强身的作用。

针灸的发明

　　针灸最早产生于约公元前2500年的中国。在草药还没有问世的时代，针灸就已成为当时人们治疗疾病的主要方法。中国春秋时期的扁鹊，就是利用针灸法为人治病。到了三国时期，名医华佗更是精通针灸，这枚神奇的银针能够治愈许多疾病。但它并不是某一个人独创的，而是古人经过长期医疗实践的结晶。

针灸治病的原理

　　针灸是一项传统的治疗方法，属于物理疗法的一种，也是迅速、简便的一种医术。针灸利用调节虚实和平阴阳的作用，使人体经络运行血气顺畅，刺激脑部，使其产生脑内吗啡，达到抑制缓解病痛的目的，不但可以抵御病毒，还可以使传导感应等生理功能恢复正常。

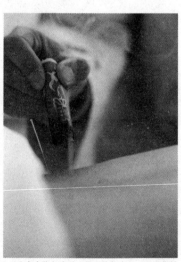

艾灸是在身体相应的穴位上施行熏灸，以温热刺激，通过经络腧穴的作用，达到治病防病的目的。

结合了现代医疗技术的针灸已经由繁返简、由难变易，成为普通人也能掌握使用的简易的疗法。

针灸的发展

　　近年来，人们通过多个学科的通力协作，对针灸治病原理、经络实质、针刺手法等进行深入的研究，证实针灸对机体各系统功能具有调节作用，能增强机体的抗病能力。针灸的镇痛原理已深入到神经细胞、电生理学和神经递质(如脑腓肽)等分子水平。西方科学家在研究针灸镇痛的实验中，认为针灸可以激发身体内自然止痛物质的释放，从而缓解疼痛。针灸的止痛效果有一个迟缓发作效应，它们缓慢增加，甚至当取针后，才会感到它的止痛效果。治疗几次后效果才会更明显。这种效果在停止针灸治疗一段时间后会消失。此外，针灸还有抗炎、止痛、解痉、抗休克和抗麻痹的作用。

体温计

　　体温计是测量人或动物体温用的温度计，通常是在很细的玻璃管里装上水银制成。玻璃体温计便于使用者随时观测。由于玻璃的结构比较密，水银的性能非常稳定，所以玻璃体温计具有示值准确、稳定性高的特点。随着医疗科技的发展，还将有许多类型的新式体温计出现。

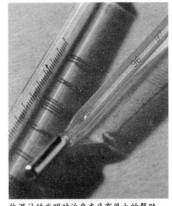

体温计的发明对治疗疾病有很大的帮助。

护士正在用体温计给病人量体温。

体温计的发明

　　第一个体温计是伽利略在16世纪时发明的，但是实用性不高，测量的数据也不够准确。1654年，伽利略的学生发明了酒精温度计，并首次被意大利医学教授圣托里奥用于测量人体体温。大约10年后，意大利人阿克得米亚又用水银代替酒精制成了水银温度计，这种温度计很快被应用于临床诊断。虽然水银温度计在医疗上得到了广泛的使用，但人们又发现它有许多不方便的地方，如体温计不能离开被测物体看温度等。为了解决这一问题，在1867年，英国伦敦的奥尔巴特医生根据测量人的体温的特点和需要，研制出一种离开人体后仍能准确看到体温的温度计，至此，为现在人们所熟悉的体温计才正式诞生了，并一直被沿用至今。

体温计的原理

　　体温计是一种水银温度计。它的上部是一根玻璃管，下端是一个玻璃泡。在泡里和管的下端装有纯净的水银，管上标有温度的刻度。由于人体温度最高不超过42℃，最低不低于35℃，所以体温计的刻度范围是35℃～42℃，每个小格代表0.1℃。"试表"时，体温计下端的玻璃泡和人体接触，因为人体温度比体温表温度高，玻璃泡中的水银受到从身体传来的热的作用，体积膨胀，就沿着玻璃细管上升，直到水银温度和人体温度相同为止。体温计的构造很特殊，在玻璃泡和细管相接的地方，有一段很细的缩口。当体温计离开人体后，水银变冷收缩，水银柱就在缩口处断开，上面的水银退不回来，所以体温计离开人体后还能继续显示人体温度。

玻璃管上刻有温度范围

水银柱

装有水银的玻璃泡

水银体温计

体温计的种类

　　体温计又叫体温表。按应用部位不同，体温表可分为口表、肛表和腋表三种。这三种体温计的外形稍有不同，口表的水银端呈细长圆柱形；肛表的水银端较短而粗，呈圆形或椭圆形；腋表表体为扁圆形，水银端仍呈圆柱形。

电子体温计

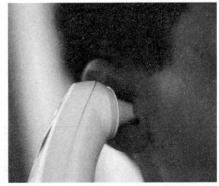

听诊器

听诊器是听诊用的医疗器械，凡是看过病，或做过体检的人都见过它。听诊器主要是用来帮助医生诊断病人心肺健康状况的。医生给病人看病，时常要用听诊器在病人的前胸、后背仔细地听听，以判断人体中什么器官患病，然后对症下药，使病人尽快地恢复健康。

听诊器是医生看病时经常使用的医疗用具。

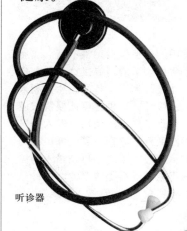

听诊器

听诊器的由来

在古希腊，医生将自己的耳朵贴在病人的胸部来听病人的心肺情况，但这项技能在一段时期内被人们忘却了，直到文艺复兴时期才重新成为常规的检查方法。1816年，法国医师勒内·拉埃内克在为病人检查时想听一下患者的心脏，但由于对方是女病人，直接听诊并不很适合，于是他借助一个中空的木筒来听。使他惊奇的是，他听到了非常清晰的心脏的搏动声。后来经过一些改进，1819年，勒内公布了自己的发明——单管听诊器。听诊器的发明，使得医生能诊断出许多不同的胸腔疾病，勒内被人们誉为"胸腔医学之父"。

听诊器的变迁

1840年，英国医师乔治·菲力普·卡门改良了勒内设计的单耳听诊器。他发明的听诊器是将两个耳栓用两条可弯曲的橡皮管连接到可与身体接触的听筒上，听诊器是一个中空镜状的圆椎。卡门的听诊器，有助于医师听诊静脉、动脉、心、肺、肠内部的声音，甚至可以听到母体内胎儿的心音。现在又有了电子听诊器，它能放大声音，并能使一组医师同时听到被诊断者体内的声音，还能记录心脏杂音，用来和正常的心音比较。

在用听诊器为病人做完初步检查后，医生都要把病人的情况详细记录下来。

各种医疗工具

新型的电子听诊器

老式的听诊器没有放大声音的作用，听到的声音微弱，塞在耳朵里很不舒服，不能隔离环境噪声，频率响应也不可调。而电子听诊器由于接有放大器，因此可将微弱的心跳声放大到十分清晰的程度。电子听诊器除了能清晰监听病人的胸／腹声音外，还能用在搜索机械噪声源的定位等方面，其输出可用磁带录音机录下来供分析病情使用，或送入大功率的放大器另作他用。使用电子诊听器能让医生更好地进行医疗诊断。

小朋友用听诊器听自己腹部的声音。

血压计

　　血压计是测量血压的一种医疗器械。血压是血管中的血液对血管壁的压力，由于心脏收缩和主动脉壁的弹性作用而产生。测量血压是了解人体健康状况的重要途径。

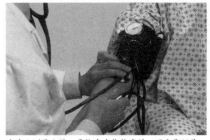

为病人测量血压，是检查身体健康的一项重要环节。

血压计的发明

高血压病人需要定期测量血压，观察自己的身体状况。

　　1819年，法国医生、物理学家普瓦瑟伊尔发明了一种用水银压力计测血压的方法。但由于其使用不便，制作粗陋，并且读数不准确，并没得到广泛使用。后来，许多科学家对它进行了改进。现代医生使用的血压计是意大利医生希皮奥内·里瓦罗奇在1896年发明的腕环血压计。它有一个能充气的袖带，用于阻断血液的流动。医生用一个听诊器听脉搏的跳动，同时在刻度表上读出血压数。此后，人们对里瓦罗奇发明的血压计进行了许多改进，但其基本原理和结构并无多大改变。里瓦罗奇发明的血压计已经被世界各国的医生们广泛使用，成为重要的诊断工具。

血压计的结构及原理

　　里瓦罗奇发明的腕环血压计有一条可以环绕在手臂、且能充气的长形橡皮袋，橡皮袋一端接到打气橡皮球上，另一端接到水银测压器或其他测压器装置上。测压时，将橡皮袋环绕缚于上臂，然后将空气徐徐打入橡皮袋，当压力升高到一定程度时，肱动脉被压扁，造成血液停止，然后再慢慢放气，当橡皮袋压力低于心脏收缩排出血液时产生的动脉压时，血液便开始恢复流动，用听诊器能听到脉搏跳动，此时水银柱显示出来的压力即为收缩压。当压力继续减少到连心脏舒张时也不能阻碍血液畅通时，此压即为舒张压。收缩压和舒张压是医生用来判断循环系统疾病的依据。

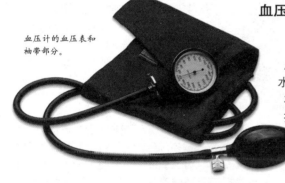

血压计的血压表和袖带部分。

血压计的种类

　　血压计的种类有：水银血压计、压力血压计和电子血压计这几类。电子血压计又分为：手动上臂式，运用电容式传感器检测血压，手动加压，到达值由操作者根据患者的大致最高压决定，一般情况下，加压高于估计上压值30mmHG；自动上臂式，采用高质量空气加压泵，按动开始键，机器自动加压，自动测压；自动＋打印上臂式，可连接打印机，打印测量数值。此外，还有简便的手腕式和手指式血压计，适合家庭日常使用。

电子血压计

医生根据血压计水银柱的高度判断血压的高低。

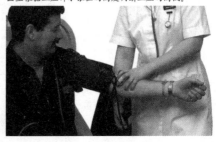

CT机

CT是Computer Tomography的缩写，全称为计算机辅助的X线断层扫描，是电脑与X光扫描综合技术的产物，集中了当代一系列不同技术领域的最新成就。它能把人体一层一层地用彩色图像显现出来，检查出体内任何部位的微小病变。

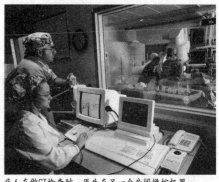

病人在做CT检查时，医生在另一个房间操控机器。

病人正在进行CT检查。

CT检查的方法

CT的检查方法主要包括两个方面，即平扫扫描和增强扫描。平扫CT又称普通扫描，指不给静脉注射造影剂的扫描，通常用于初次CT检查者。CT平扫扫描是掌握各个不同部位或器官的厚度和层距的技术。对腹部或盆腔检查前应口服阳性造影剂使肠道非透性化，用造影剂标志胃肠道器官，使胃肠和实性器官的界限清楚。增强CT扫描，指给静脉内注射一定剂量的造影剂，同时或紧接着进行CT扫描的检查方法。常用的造影剂有离子型和非离子型两种。增强扫描是根据造影剂进入人体内后在各部位的数量和分布，依据各个不同器官及其病变的内部结构的特点，呈现一定的密度和形态异常，而更清晰地显示病灶或明确病变地性质等。

病人肺部的CT扫描结果，用蓝色和绿色来显示。

CT机的诞生

CT的研制始于20世纪60年代。1963年，美国物理学家科马克首先提出图像重建的数学方法，并用于X射线投影数据模型。1967年，英国的工程师汉斯菲尔德开始了模式识别的研究工作。1969年，他制作了一架简单装置，用加强的X射线为放射源，对人的头部进行实验性扫描测量，取得成功，得到了脑内断层分布图像。1971年9月，他与神经放射学家合作，安装了第一个原型设备，开始了头部临床试验研究。1972年4月，汉斯菲尔德在英国放射学家研究会上首次公布了自己的成果，宣告了CT的诞生。

CT机的发展

1976年以来，CT在临床上广泛应用，而且种类越来越多。到80年代初，CT已发展到第五代。第五代CT为电子束CT，它是利用电子枪发射的电子束扫描靶环来产生X射线。扫描速度很快，其扫描可达20层/秒，使心脏大血管系统的CT检查成为可能。CT不仅用于临床诊断，而且应用到放射治疗、心脏动态扫描、精密活体标本取样、癌变组织鉴别等方面。CT与X线透视、超声、同位素等影像显示方法相结合，建立起影像诊断学。CT已成为现代医院的标志之一。

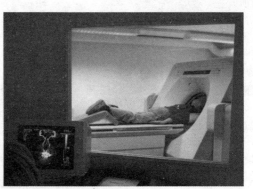

病人的CT扫描结果即刻出现在电脑上。

心电图

　　心电图是记录心脏组织电压变化的一个图形。心脏的肌肉是人体肌肉中唯一具有自发性跳动及节律性收缩的肌肉。心脏的传导系统发出电波，兴奋的肌肉纤维就产生收缩。电波的产生及传导，皆会产生分布全身的微弱电流，若将心电图记录器的电极连接到身上不同的部位，就可描绘出心电图。

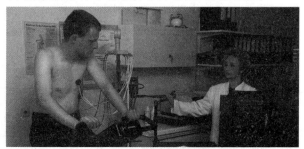

医生正在为一名早产儿检查身体。心电图一直监测着孩子的心脏状况。

心电图的发明

　　1903年，荷兰医生威廉·艾因特霍芬制造了一个仪器，其敏感性足以测出电脉冲。这种仪器叫作"弦线电流计"，它有一根很细的镀银石英线，悬挂在电磁铁的两极之间。当心脏的电流通过这根电线时，它就会发生摆动，摆动的轨迹被记录在

将泡沫塑料电极接在病人的胸部。心脏左右两部分的电活动被记录在心电图上。

运动的制图板上。这个现象使艾因特霍芬意识到心电图可以用来诊断心脏疾病。心电图技术的应用已有100年的历史。由于其操作简单、无创伤、诊断准确，因此对心血管疾病的诊治意义十分重大。目前心电图检查已成为心血管疾病常规检查方法之一。

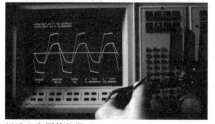

记录心电图的仪器

心电图的种类

　　心电图是一种临床必不可少的迅速的诊断方法。可分为普通心电图、24小时动态心电图、His束电图、食管导联心电图、人工心脏起搏心电图和正交心电图等几种。应用最广泛的是普通心电图及24小时动态心电图。

心电图对疾病的诊断

　　正常的心电图上的每个心动周期中出现的波形曲线改变是有规律的，国际上规定把这些波形分别称为P波、QRS波、T波。此外，一个正常的心电图还包括PR间期(或PQ间期)、QT间期、PR段和ST段。P波代表心房的除极波；QRS波代表心室的除极波；T波代表心室的复极波。PR间期代表由窦房结产生的兴奋经由心房、房室交界和房室束到达心室，并引起心室开始兴奋所需的时间；QT间期反映心室除极与复极过程总的时间，也代表心脏的电收缩时间；ST段代表心室各部分已全部进入去极化状态，心室各部分之间没有电位差存在，曲线又恢复到基线水平。当心脏因缺血受损或坏死时，心电活动的变化能正确及时地反映在心电图上，表现在各个波形的异常变化和进行性演变过程，为医生提供诊断心律失常、心室肥厚、急性缺血、心肌梗塞等心脏疾病的可靠依据。

这个病人正在接受心脏健康状态的检查。为了确定他的心脏是否健康、正常，医生在他运动时，即心脏负荷工作时，检测他心脏的活动情况。

麻醉剂

　　麻醉剂是能引起麻醉现象的药物，多在施行外科手术时采用。分为全身麻醉、局部麻醉和脊髓麻醉三种。全身麻醉时多用乙醚、氯仿等，局部麻醉时多用可卡因、普鲁卡因等，此外如吗啡、鸦片等都可用作麻醉剂。

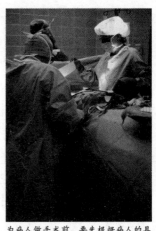
为病人做手术前，要先根据病人的具体情况选择麻醉方法。

患者正在接受口腔麻醉。

麻醉剂的发明

　　早在中国的东汉时期就已发现了"麻沸散"，这种麻醉剂，可使病人全身麻醉，进行手术治疗。

"麻沸散"是中国古代医学家华佗发明的。他总结前人的经验，经过反复实践，发明了一种用酒冲服的麻醉剂。当为病人进行手术治疗时，就让病人用酒冲服"麻沸散"，很快就会使病人失去知觉而全身麻醉，然后进行手术，这种方法可以减轻病人的疼痛。华佗发明的"麻沸散"曾传到日本、朝鲜、摩洛哥等国。英国在1846年后，全身麻醉法才在外科手术中得到了广泛的应用。

麻醉剂的作用原理

　　近年来，随着生物物理的进展，已能凭借亚细胞结构的研究和药物极微量的测定，认识麻醉剂作用机理的根本在于暂时改变生物膜的性质。生物膜上有为抗原、激素、神经介质、药物和细胞识别的各种受体，机体的许多感觉，味、视、嗅以及痛觉都与神经元突触上的膜受体有关。麻醉剂作用于中枢神经原突触膜上的疏水部分，暂时使膜上的脂层厚度改变，膜上的神经介质的受体（膜上的功能蛋白质）的构型改变，从而阻断了神经冲动的突触传导。由于麻醉剂的不同，作用于中枢神经的部位不完全相同，临床表现也不完全一样。

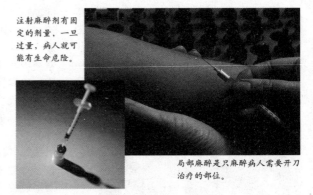
注射麻醉剂有固定的剂量，一旦过量，病人就可能有生命危险。

局部麻醉是只麻醉病人需要开刀治疗的部位。

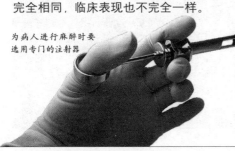
为病人进行麻醉时要选用专门的注射器

麻醉剂的使用

　　麻醉剂的种类繁多，作用原理不尽相同。除了麻痹中枢神经系统以外，还会引起其它生理机能的变化，因此，在应用时，需根据个人的不同情况或手术的性质慎重加以选择。麻醉必须适度，过深或过浅均会给手术或实验带来不良影响。麻醉的深浅可从呼吸，某些反射的消失，肌肉的紧张程度和瞳孔的大小加以判断。人们常用刺激角膜以观察角膜反射，夹捏后肢股部肌肉以观察其反应的简易方法了解动物的麻醉深度。适宜的麻醉状态是呼吸深慢而平稳，角膜反射与运动反应消失，肌肉松弛。

人体解剖学

人体解剖学是了解人体形态结构的一门基础医学学科。早先研究解剖学，主要是用刀剖割和肉眼观察。随着科学技术的发展，研究人体形态学的手段也不断改进，对形态学的知识也不断丰富，逐渐超出了肉眼观察所得知识的范围，因而人体解剖学分化出了一个又一个新的学科。

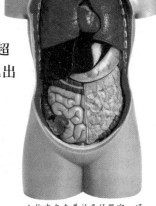

人体内包含着许多的器官，通过解剖可以彻底地看清它们。

人体解剖学的建立

人体解剖最早出现于公元前280年左右的古希腊帝国，那时的希腊人就已系统地绘制了人体内部结构图。公元162年，罗马医师加伦别出心裁，当众对猴子进行了活体解剖，这也许是最早的解剖表演。若干世纪以来，医生对人体结构的了解主要基于加伦的研究成果。后来

解剖学家萨维里在为学生讲解人体。

比利时的内科医生安德里亚斯·维萨里从解剖实践中发觉加伦的结论是从解剖动物而不是解剖人体中得出的。1543年，维萨里出版了《人体的构造》一书，详细描述了人体的解剖结构，创立了现代人体解剖学。

人体解剖学的分科

人体解剖学可因研究对象和研究方法等的不同而分为若干分科。例如：按各系统（如消化系统、呼吸系统等等）研究该系统器官的形态结构，称系统解剖学，对各系统还可分为骨学、肌学、内脏学等等；按各局部（如颈部、胸部、上肢、下肢等）研究各器官在该局部的位置、毗邻和联属等关系的称局部解剖学；研究不同年龄人体形态结构特征的称生长（或年龄）解剖学；应用X射线来研究人体形态特征的称X射线解剖学；结合体育运动研究人体形态结构的则称运动解剖学等等。

人体腹部的九个区

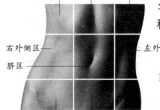

右季肋区　腹上区　左季肋区

右外侧区　　　　　　左外侧区

脐区

右腹沟股区　腹下区　左腹沟股区

人体解剖学的发展

19世纪以来，结合临床医学的发展，人体解剖学的研究也达到了全盛时期。进入20世纪以后，医学的发展促进了解剖学研究的深入。例如，随着胸外科、肝外科等各种内脏外科手术的开展，开始对器官内血管和管道等的形态提出了新的要求；电算X射线断层图和超声断层图的应用，也对断面解剖学提出了新的要求；随着血管缝合手术的提高，显微外科的开展，才有显微外科解剖学的建立。人体解剖学在不断地发展着，尤其是近几十年来，物理学、生物化学等新理论、新技术的发展。随着多学科综合研究的进行，生物力学等边缘学科的建立与发展，解剖学的研究也有引向综合性学科的趋势。

人体解剖学为现代医疗提供了很大的帮助。

血型

血型是人类的一种遗传标记，在血细胞表面的称为血型抗原。红细胞、白细胞、血小板上共有几百种血型抗原。根据血细胞凝结现象的不同，大体分成O、A、B和AB四种血型。输血时，除O型可以输给任何血型，AB型可以接受任何血型外，必须用同型的血进行输血。

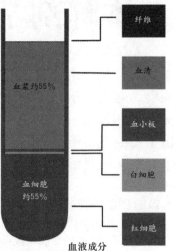

血液成分

血型的发现

20世纪初，美籍奥地利裔病理学家、免疫学家兰德施泰纳发现了人的血型并不相同这一事实。通过进一步研究，他发现了人类有4种血液类型，并将它们命名为A、B、O和AB型。由于血型不同，在输血前必须进行血型检查，输血者和受血者的血型必须相容。对各种血液适应性的认识，终于使输血变得安全了。

显微镜下的红细胞。所有的红细胞看起来都一样，因此必须通过化验来查明它们属于哪一类血型。

血型的种类

随着医学的发展，人们对于血型的认识也越来越深入。由于血液内部的组成成分的不同，各自所具有的抗原物质的性质也不一样。如红细胞已发现有20多种血型系统，不同的血型抗原就有400多种。白细胞上的抗原物质更为复杂，仅本身就有8个系统近20种血型抗原，此外还有红细胞血型抗原和其他组织细胞共有的抗原，其中与其他组织细胞共有的抗原就已检验出148个。这类抗原也称为人类白细胞抗原（简称HLA抗原）；血小板有特异性抗原7个系统，其中又有10多种抗原，另外还有20多种血清蛋白、血清酶以及30多种抗原种类，共计在600种以上。如果按这个数字再进行排列组合，那么人类血型就有数十亿种之多。因此人类除同卵双胞胎外，就再也找不到两个血型完全相同的人了。

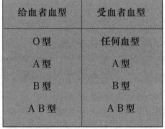

给血者血型	受血者血型
O型	任何血型
A型	A型
B型	B型
AB型	AB型

常规血型的配血原则

血型与配血

将血液或血液的组成部分输给病人，以增加血量，升高血浆蛋白，从而改善循环，改变血液成分，提高血液带氧能力和增强抵抗力，这是现代医疗中一种常见的治疗措施。如果由于疾病或出血（特别是手术时出血或创伤出血）等原因使人的血液供应不足，医生就会采取输血的方式，使供血量恢复正常。输血之前，医院化验室要将少量的供血者血液与少量的接受输血者的血液混合在一起，以确定它们是否真的匹配。如果供血者与接受输血者的血型属于统一型，输血就会比较安全并且有效。这种配血检查对输血安全具有极大的重要性。

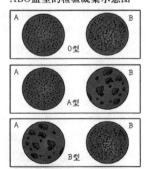

ABO血型的检验凝集示意图

将血型不相同的血滴在玻璃片上混合，其中的红细胞即凝集成簇。

血液循环

心血管系统是一个相对密闭的管道系统，由心脏和血管系统组成，血液在其中按一定方向流动，循环不已，称为血液循环。整个血液循环系统的中枢是心脏，它把血液不停地压送到全身血管中，使血液能够完成运输氧气、二氧化碳、营养素和废物等任务。

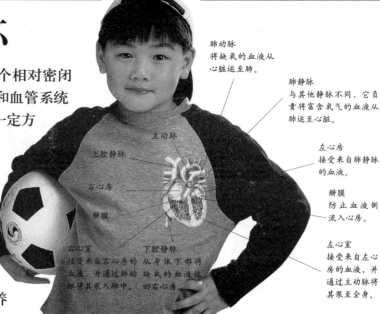

肺动脉
将缺氧的血液从心脏运至肺。

肺静脉
与其他静脉不同，它负责将富含氧气的血液从肺运至心脏。

左心房
接受来自肺静脉的血液。

瓣膜
防止血液倒流入心房。

左心室
接受来自左心房的血液，并通过主动脉将其泵至全身。

主动脉

上腔静脉

右心房

瓣膜

右心室
接受来自右心房的血液，并通过肺动脉将其泵入肺中。

下腔静脉
从身体下部将缺氧的血液运回右心房。

血液循环必须依靠心脏才能完成。

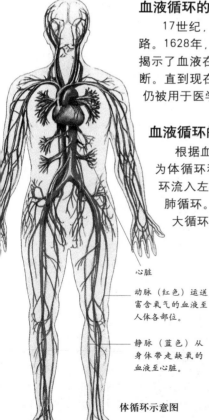

心脏

动脉（红色）运送富含氧气的血液至人体各部位。

静脉（蓝色）从身体带走缺氧的血液至心脏。

体循环示意图

血液循环的发现

17世纪，英国医生哈维找到了血液流通的道路。1628年，哈维出版了《心血运动论》一书，揭示了血液在生物体内是循环运动的这一科学论断。直到现在，他曾做过的某些血液循环的实验仍被用于医学院的教学演示。

血液循环的类型

根据血液在体内循环路径不同，血液循环分为体循环和肺循环。全身的静脉血从右心室循环流入左心房的血液流动途径称为小循环，即肺循环。全身的动脉血从左心室到右心房这一血液运行途径，称为大循环，即体循环。

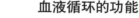

哈维的实验说明，血液在静脉内只能呈单向流动。静脉内血液正常的流动方向是由手流向手臂。

血液循环的功能

血液循环的主要功能是完成体内的物质运输，运输代谢原料和代谢产物，使机体新陈代谢能不断进行；体内各内分泌腺分泌的激素，或其他体液因素，通过血液的运输，作用于相应的靶细胞，实现机体的体液调节；机体内环境理化特性相对稳定的维持和血液防卫功能的实现，也都有赖于血液的不断循环流动。

器官移植

　　器官移植是将某个健康的器官通过手术或其他方法放置到一个患有严重疾病、危在旦夕的病人身体上，让这个器官继续发挥功能，从而使接受者获得新生。

左边的小心脏是被替换下来的心脏，右边是已经移植到位的正常大小的心脏。接受手术的是一个2个月大的婴儿。

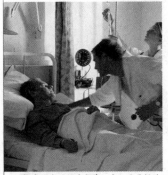

接受器官移植手术前，病人需要经过详细的医疗检查，确定合适的移植时间才能开始手术。

器官移植的起源与发展

　　约公元前600年，古印度的外科医生就利用从病人手臂上取下的皮肤来重整鼻子，这是最早的自体组织移植。角膜移植是最早取得成功的异体组织移植技术，首次眼角膜移植是1840年，由爱尔兰内科医生彼格从羚羊眼球上取下角膜移植到人的眼球上。器官移植要比组织移植复杂得多，难度也更大。从1951～1953年，美国的休姆医生进行了把尸体捐赠者的肾脏移植到人体的手术，最长存活了6个月，这也是世界上最早取得部分成功的人体重要脏器的移植手术。1967年12月4日，南非开普敦的巴纳得医师首次成功完成了人类异体心脏移植手术，开辟了器官移植的新纪元。但是由于人体的免疫排斥反应，器官异体移植的成功率一直很低，直到80年代初一种叫环孢素的抗免疫排斥药物的出现，才使这一现象得以改变。从1953年成功完成第一例肾脏移植手术到80年代末，器官移植已经挽救了20多万人的生命。

随着医学的发展，人体内的器官一旦失去作用，就可以寻找一个健康的新器官替代。

器官移植的现状

　　由于医疗技术的不断进步，器官移植的种类也越来越多，成功率越来越高，许多患者都可以通过器官移植来延续生命。然而现实是，由于器官短缺，远远不能满足移植的需求。许多患者由于等不到合适的器官而死亡。要想解决器官的来源问题，救治更多的危重病人，首先要提高公众对"死亡"这一概念的正确认识，建立"脑死亡"，即人死亡的科学概念。同时科学地制定出保护应用"脑死亡"供体的法律，使器官捐赠科学化、制度化、法律化，从而使器官移植事业既能被人们所理解、接受，又能成为人们主动参与的自觉行动。

器官移植手术是难度很大的手术，需要医生有高超的医疗技术才能顺利完成。

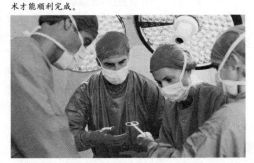

器官移植的类型

　　器官移植有多种分类方法，如果从移植种类来分，可以分为器官移植、组织移植和细胞移植。如果从供体来源来分，可以分为尸体移植和活体移植。活体移植包括亲属供器官和非亲属供器官；尸体移植包括心跳供体（脑死亡）和无心跳供体。

条件反射

条件反射是有机体因信号的刺激而发生的反应，例如铃声本来不会使狗分泌唾液，但是如果在每次喂食物之前打铃，经过若干次之后，狗听到铃声就会分泌出唾液来，这种因铃声这个信号的刺激而发生的反应叫条件反射。条件反射是动物和人后天获得的，是个体生活过程中适应环境变化并经过学习学会的反射。

当扣击膝盖下方的韧带时，就会产生膝跳反射。

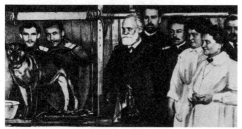

巴甫洛夫与他的研究小组成员一起演示条件反射。

非条件反射

非条件反射（无条件反射）是在种族发展过程中建立和巩固起来的，是生来就有的，不需要后来学习，其神经联系是固定的，可以遗传给后代。如婴儿初生下来受冷空气的刺激就哭；乳头接触婴儿口唇引起的吸吮反射；角膜受异物刺激时引起眼睑迅速闭合的角膜反射；皮肤受伤害刺激时引起肢体屈曲的屈肌反射等等。非条件反射可以形成连锁反射，即第一个反射的反应可以成为第二个反射的刺激，第二反射的反应又可成为第三个反射的刺激等等。例如，吞咽和消化过程就是一连串很长的连锁反射。这种复杂的连锁反射经过动物世代的发展遗传固定下来就成为本能。

脚踩到钉子时，人体的反射行为会使脚迅速抬离钉子。

条件反射的发现

17世纪法国数学家、自然科学家、哲学家笛卡尔，发现机械刺激角膜会规律地引起眨眼动作，即动物机体受到刺激时，会产生非常规律的反应。通过反复观察，他认为感受器与机体间存在必然联系。1649年，他提出机体对感受器刺激的规律性反应属于一种反射现象，并将机体所有这样的规律性应答反应称为反射。1888年，俄国生理学家巴甫洛夫首次用生理学实验的方法来研究人的大脑活动，并创立了大脑两半球生理学和反射学说，发现了"条件反射"及两种信号系统学说。巴甫洛夫认为，人脑有两种信号系统活动。第一信号系统是由具体刺激物引起的条件反射系统。由语词信号作用引起的条件反射系统称为第二信号系统。第二信号系统是人类高级神经活动的本质特点。因此，语言刺激对人的心理和行为具有重要的调节作用。

动物是如何做算术题的

19世纪末，德国有一匹名叫"聪明的汉斯"的马。这匹马可以做算术题。马主人把它领到舞台上，观众出题目，它就会用马蹄敲击地面，答案是几就敲几下。当时这匹马轰动了全城，吸引了大批的观众。科学家们也对此产生了极大的兴趣。于是一些生物学家、动物学家和心理学家对它展开了仔细的考察，终于发现了秘密。当把汉斯与它的主人用屏风隔起来时，汉斯就再也做不出题目了。汉斯根本就不会做什么算术题，它只是根据主人的暗示敲击地面，当主人暗示它停止时，它就停下。现在的马戏团的表演中也有一些类似的节目，如小狗做算术。实际上和"聪明的汉斯"是一个道理，都是基于条件反射的原理。

神经

　　神经是把中枢神经系统的兴奋传递给各个器官，或把各个器官的兴奋传递给中枢神经系统的组织，它是由许多神经纤维构成的。人体的各系统都有其独立的生理功能，但在人体活动中，各系统并非各行其是，而是相互联系、相互制约的。这种联系与制约是通过神经对信息的处理和交换来进行的。

显微镜下最早观察到的神经细胞

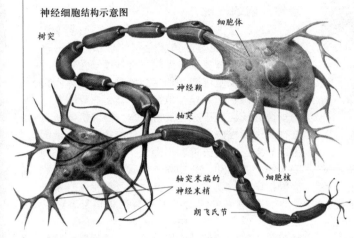

神经细胞结构示意图

树突

细胞体

神经鞘

轴突

轴突末端的神经末梢

细胞核

朗飞氏节

神经系统

　　人体神经系统是一个巨大而复杂的网状系统，控制着人的精神活动和行为的每一方面。这个系统交织遍布全身，接受、破译从外界及自身得到的信息，并对其采取行动。控制这一网状系统的是中枢神经系统，它的作用主要与感觉和主动行为有关。传入和传出中枢神经系统的信息通过通达身体各个末端的周围神经系统的分支纤维传导。

神经系统的功能

　　神经系统可以调控人体的循环、呼吸、消化、泌尿、生殖、内分泌、运动等系统和感觉器官的生理功能，以及生长发育、睡眠觉醒、心理、思维、情感、记忆等生理现象。神经网络还能借助各种感受器不断接受外界环境发出的信息并做出相应的反应，使机体与外界保持平衡与统一。

神经的发现

　　德裔俄国生物学家、人类学家和地理学家冯·贝尔对脊椎动物的胚胎发育有着深入的研究。他最早发现了脊索，提出神经褶是中枢神经系统的原基。1811年，苏格兰解剖学家查尔斯·贝尔对人类神经系统进行了极其重要的研究。他研究了大脑和脊神经的结构。查尔斯·贝尔最重要的发现是人有两种神经纤维：一种可将信息传递到脊髓和大脑的感觉神经纤维，另一种是发出指令的运动神经纤维。贝尔的研究成果后来得到了法国生理学家弗朗索瓦·马让迪的证实。

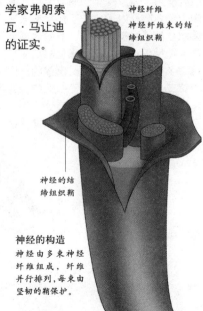

神经纤维

神经纤维束的结缔组织鞘

神经的结缔组织鞘

神经的构造

神经由多束神经纤维组成，纤维并行排列，每束由坚韧的鞘保护。

神经细胞——神经的最基本组成单元

　　神经细胞又叫神经元，是构成神经系统的建筑基石。神经细胞负责接受、分析、协调及传递信息到身体内部。神经细胞的形态比较特殊，已完全分化，但它也拥有一层包围着细胞质及细胞核的膜。典型的神经细胞是由一个有细胞核的细胞体、短而分支较多的树突和一个末端有分支的细长的轴突构成的。轴突末端的分支与其他神经元的树突或细胞体以及肌肉或内脏器官相连接。神经细胞不能再生。

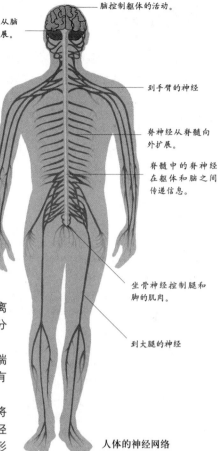

- 脑控制躯体的活动。
- 颅神经从脑向外扩展。
- 到手臂的神经
- 脊神经从脊髓向外扩展。
- 脊髓中的脊神经在躯体和脑之间传递信息。
- 坐骨神经控制腿和脚的肌肉。
- 到大腿的神经

人体的神经网络

- 颅神经
- 植物神经
- 脊神经
- 周围神经系统

神经细胞的类型

　　神经细胞按其长度和形态分为：假单极神经细胞、双极神经细胞和多极神经细胞。假单极神经细胞由细胞体发出一个突起，在离细胞体一定距离处分为两个分支；双极神经细胞有两个突起，一个是树突，一个是从另一端发出的轴突；多极神经细胞有多个树突和一个轴突。另外，按神经细胞所执行的功能不同将其分为运动神经细胞、感觉神经细胞和连接神经细胞，它们的形状和所完成的工作各不相同。

周围神经系统

　　周围神经系统包括颅神经、脊神经和植物神经。颅神经共12对，主要管理头面部的肌肉以及视、听、嗅、味等器官。31对脊神经主要管理躯干和四肢肌肉的运动和感觉。植物神经则支配内脏平滑肌、心肌和腺体的活动，如心跳、呼吸、消化等。

中枢神经系统

　　中枢神经系统包括脑和脊髓，它们分别调节机体不同部位的生理活动。脑负责收集和破译从全身各处传来的信息，决定该采取什么样的行动并发出指令。脊髓负责传导这些指令信息。中枢神经系统的重要部位受到良好的保护。脑安全地容纳在由颅骨构成的颅腔内，脊髓位于脊柱的椎管内。

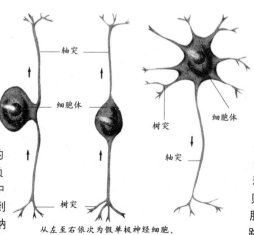

- 轴突
- 细胞体
- 树突
- 细胞体
- 树突
- 轴突
- 树突

从左至右依次为假单极神经细胞、双极神经细胞、多极神经细胞。

胰岛素

胰腺

胰岛素是胰腺分泌的一种激素，能促进肝脏和肌肉内动物淀粉的生成，加速组织中葡萄糖的氧化和利用，从而调节体内血糖的含量。胰岛素还能增进脂肪的贮藏以及促进氨基酸合成蛋白质。胰岛素分泌量减低时就会引起糖尿病。

胰腺紧挨着十二指肠，如果胰岛素分泌减少，人就会患糖尿病。

胰岛素的发明

20世纪20年代，加拿大多伦多大学医学院教授班廷和他的学生贝斯特，在糖类代谢专家麦克劳德的协助下，第一次从狗的胰腺中提取了胰岛素，并注射到另一只因摘除胰腺而得了糖尿病的狗体内，那只狗的血糖很快恢复到正常水平。1922年1月11日，班廷首次为14岁的糖尿病患者汤普森注射胰岛素。随着胰岛素使用剂量的增加，汤普森成为依靠胰岛素活下来的世界第一人。1923年，胰岛素开始大批量生产。由于糖尿病具有易染性和能遗传的特点，所以此病患者的数量持续增加，对胰岛素的需求与日俱增。1965年，中国科学家成功发明了人工合成胰岛素。这是世界上第一次用人工方法合成一种具有生物活性的蛋白质。如今，胰岛素不论是天然的，还是人工合成的，依然是众多糖尿病患者不可缺少的药物。

一个糖尿病患者在给自己注射胰岛素，胰岛素可以使体内的糖分解并转化为能量。

胰岛素的作用

胰岛素的主要作用是促进糖、脂肪的合成与贮存，促进蛋白质、核酸的合成，因此是促进合成代谢的激素。其具体作用为：加速葡萄糖的利用和抑制葡萄糖的生成，使血糖的去路增加而来源减少，于是血糖降低；促进脂肪的合成和贮存，抑制脂肪的分解，并促进糖的利用；能够促进蛋白质的合成，阻止蛋白质的分解；促进脱氧核糖核酸（DNA）、核糖核酸（RNA）及三磷酸腺苷（ATP）的合成。

另外，葡萄糖在红细胞及脑细胞膜的进出，葡萄糖在肾小管的重吸收以及小肠黏膜上皮细胞对葡萄糖的吸收，都不受胰岛素的影响。

胰岛素的种类

胰岛素的种类很多，依其作用持续的时间长短可分为短效、中效和长效三类。短效作用持续时间为5～7小时。一般在糖尿病急性代谢紊乱时应用静脉滴注速效胰岛素。中效作用持续时间为18～24小时。长效作用持续时间为28～36小时。根据来源可分为牛胰岛素、猪胰岛素和人胰岛素三类。牛胰岛素：自牛胰腺提取而来，分子结构有三个氨基酸与人胰岛素不同，疗效稍差，容易发生过敏或胰岛素抵抗。猪胰岛素：自猪胰腺提取而来，分子中仅有一个氨基酸与人胰岛素不同，因此疗效比牛胰岛素好，副作用也比牛胰岛素少。人胰岛素：人胰岛素并非从人的胰腺提取而来，而是通过基因工程生产，纯度更高，副作用更少，但价格较贵。

现在，科学家们依然在研究如何制取对人体副作用更小的胰岛素，如果成功，那么世界上的糖尿病患者都将受益。

第五章

交通能源

Part5

Traffic and Energy

自从有了汽车、飞机和轮船以后，人类的生活就发生了巨大的变化。人们的视野变得更广了，人们活动的范围变得更大了。而交通工具太过快速的发展，使交通秩序混乱不堪。这时，交通信号的发明解决了这个难题，它让混乱的交通变得井然有序。但只有机械而没有能源，人们仍然会停滞不前。化石能源是人们最早利用的能源，它们推动了社会的进步，改变了人们生存的环境。而太阳能、海洋能等环保能源的开发利用，为人类带来了一个健康的生存环境。

轮子

轮子是车辆或机械上能够旋转的圆形部件。轮子的发明改变了人类在陆地运动的方式。如今，在汽车、火车和飞机上，在各种机器上，到处都有轮子，车轮转动的速度越来越快。轮子带给人类一种新的运动的方式，这就是由移动到滚动的飞跃。

现在的轮胎多是用橡胶材料制成的。轮胎表面有许多深浅不一的纹道，以便去水防滑。

1. 约在5000年前制作的车轮。它是用粗大的树干切成圆片制成的。

3. 大约4000年前，出现了装着木制轮辐的车轮。这种车轮较轻，车速随之提高了。

5. 不久后，车轮装上了橡胶制成的环圈，使车轮变得能够安静地行驶。

2. 其后，使用数块木片拼合出来的车轮完成了。这种车轮不会再有沿木纹破裂的缺点。

4. 在有轮辐的车轮上加包铜环，再在上面镶嵌铁质轮环，使车轮不易破损。

轮子的起源

轮子的发明可以被视为是人类文明的一个重大转折点。最早的轮子———一个由实心木块雕刻而来的圆盘于公元前3500年被制造出来。这一工具的早期应用是陶工转轮，这种轮子可以用来旋转灰泥并方便将其塑造成一定形状。约300年后，美索不达米亚人给车子装上了轮子，真正意义上的轮子出现了。轮车很快取代了滑橇的运输方式。而轮轴和轮辐、轮盘的设计也相继出现，让轮子变得更加实用而轻巧。

轮子在古代的应用

最早的车轮是马车上的实心木制车轮。它用两三块木板拼在一起，然后切割成圆形。它们约出现于公元前3200年。有轮轴的轮子是公元前2000年左右开始出现的。这种轮子比实心的轮子轻便，转得也比较快，适合用于战车上。用铁线做轮轴的轮子出现在1800年前后，它们轻便、坚固。这种轮子首先被用在汽车、脚踏车上。到了20世纪50年代，汽车上的铁线轮子由金属轮子所取代。

轮子的影响

有时简单的发明却是最重要的。轮子的独特之处，就是它们都是圆的，没有棱角，所以能均匀地滚动或旋转。这就使得汽车、火车等各种陆上交通工具可以在公路、铁轨和崎岖的地面上顺利行走。此外，轮子的圆周运动使它可以不断地把引擎的动能传递出去。之后的许多发明也依靠轮子帮助，例如：起重机就依靠滑轮（有沟槽的轮子，槽上绕着带子）来减少搬重物所需要的力。齿轮可增大或降低轮子的速度和力。无数机器，包括引擎和飞机，也都不能没有齿轮。

在古代埃及的战车上已经安装了有轮辐的车轮，轮缘上镶嵌着薄铁皮。

公路

公路是指连接城市、乡村和工矿基地之间，主要供汽车行驶并具备一定技术标准和设施的道路。公路主要由路基、路面、桥梁、涵洞、渡口码头、隧道、隔离栅、路面标线、护栏、绿化带、通讯、照明以及交通标志等设备及其他沿线设施组成。 中国的高速公路还附带隔离栅、服务设施和收费站。一般来说，修筑公路可以促进社会经济发展。

公路是连接着各地的主要干线，它有多个行车道可以让汽车高速行驶。

古代的人们已经认识到了道路的重要性，修筑了许多公路，不过那时的路不像现在的道路这样平整开阔。

公路的分类

公路按使用性质可分为国家公路（国道）、省级公路（省道）、县级公路（县道）、乡村道路，以及专用公路五个等级。一般把国道和省道称为干线，县道和乡村道路称为支线。省道是由省、自治区公路主管部门负责修建、养护和管理的公路干线。县道是连接县城和县内主要乡（镇）、主要商品生产和集散地的公路，以及不属于国道、省道的县际间公路。乡道（或称乡村道路）是主要为乡（镇）村经济、文化、行政服务的公路，以及不属于县道以上公路的乡与乡之间及乡与外部联络的公路。专用公路是指专供或主要供厂矿、林区、农场、油田、旅游区、军事要地等与外部联系的公路。

公路的起源

约公元前3000年，古埃及人为修建金字塔而建设的路，应该算是世界上最早的公路。之后是大约公元前2000年的古巴比伦人的街道。公元前500年左右，波斯帝国的大道贯通了东西方，并连接起通往中国的大路，形成了世界上最早、最长的"丝绸之路"，这可算是2500年前最伟大的公路了。古罗马帝国的公路曾经显赫一时，它以罗马为中心，向四处呈放射型修建了29条公路，在当时号称世界无双。所以产生了至今人们还常用的外国俗语，"条条道路通罗马"。

公路上的路标

高速公路

高速公路是供汽车及重型机车专用（美国少数高速公路准许自行车甚至行人沿路边通行），可以高速、安全畅通运行的现代化公路。一般都是专辟有4车道以上，相向分隔行驶、完全控制出入口、全部采用两旁封闭和立体交叉桥梁与道口，时速在120千米左右的公路。高速公路的特点和设计的基本依据是高速、大交通量和有较高的运输经济效益及社会效益。高速公路的标识的背景颜色根据不同的国家有所不同。

火车

火车是一种重要的交通运输工具，它由机车牵引若干节车厢或车皮在铁路上行驶。在火车刚出现的一段时间里，由于其性能非常不稳定，再加上制造费用很高，安全方面也很有问题，许多人对这个新鲜事物充满了疑虑和偏见。但随着火车制造技术的提高，它终于成为受人欢迎的长途交通工具。

早期的火车机车

史蒂芬孙制造的"火箭号"蒸汽机车

蒸汽机车的构成与发展

蒸汽机车是以蒸汽机产生动力，通过摇杆和连杆装置来驱动车轮运行的。蒸汽机车由锅炉、汽机、车架以及煤水车等部分组成。锅炉是燃烧燃料和产生蒸汽的部件。汽机的功能是把蒸汽的热能转变为机械能。而车架则是锅炉、汽机等部件固定安装的依托。蒸汽机车问世至今已有190多年的历史。尽管在牵引力等诸多方面不断进步，但它仍难以与柴油机车和电力机车相抗衡。20世纪60年代以后，英、美、法、日等国相继停止使用蒸汽机车。80年代末，中国也不再生产新的蒸汽机车。但是，还有少数原来的蒸汽机车仍然在一些铁路支线上继续发挥着它的作用。

火车的诞生

1803年，英国人特里维西克制造了第一台在轨道上行驶的蒸汽火车，但是它并不能真正地投入实际使用。1814年，英国人史蒂芬孙制造出一台5吨重的"皮靴号"蒸汽火车，这是第一台成功的火车。但真正在铁路上使用，并为现代蒸汽火车奠定基础的，是史蒂芬孙父子设计者建造的、并于1829年在比赛中获奖的"火箭号"蒸汽火车，它行驶速度达每小时58千米，创造了当时地面行驶车辆的最高速度。后来，史蒂芬孙不断对火车进行改良，其性能也越来越好，火车渐渐受到人们的信赖和关注。

改进后的蒸汽机车，速度比以前快了，摇晃也减少了。

内燃机车的发展

　　内燃机车是以柴油机为动力的机车。内燃机车由柴油机及其辅助系统、传动装置、车体和转向架三大部分组成。按其传动方式，可分为电传动内燃机车和液力传动内燃机车两种。液力传动内燃机车是用柴油机带动一套液力传动装置，借助液体传递动力来驱动的，20世纪50年代一度发展较快。60年代中期，第一台交流电传动内燃机车在英国诞生。这种内燃机车采用异步电动机，它的额定功率大，耐用可靠，几乎无须维修，而且重量轻，过载能力强，既适用于重载货运，也适用于高速客运。

早期的内燃机车

上海磁悬浮列车

　　2002年12月31日，上海磁悬浮列车线首次试运行，它是世界上第一条投入商业运营的磁悬浮列车线，自然吸引了国内外关注的目光。当日上海磁悬浮示范运营线试运行通车，磁悬浮列车单程行驶8分钟，行驶里程30千米，达到设计最高时速430千米。

电力机车的优点

　　电力机车是非自带能源式机车，依靠接触网供应电能，直接驱动机车上的牵引电动机使机车运行。电力机车的优点很多，如：功率大，起动快，运行速度高，过载能力强；机车检修周期长，日常维修量少；无废气排出，不污染环境等。

高速电力列车的构造

导电弓

制动装置

安全设备及计算机

司机室

减震单元

车前灯

10

359

自动联结器

信号发射天线

司机车门

供电单元

动力箱

气动单元

旅客舱

绿色交通工具——磁悬浮列车

　　当今世界的快节奏运作，要求有速度更快的运输工具。为此，许多国家以新材料、新技术为基础开发新型的高速列车。磁悬浮列车就是一种符合现代这种快节奏生活的新型的交通工具。磁悬浮列车借助于磁力来悬浮、导引与驱动车辆。磁悬浮列车不同于普通铁路列车的主要特征是它不使用车轮，而是依靠电磁作用力把车辆悬浮在轨道上方，除了空气阻力之外，没有轮轨接触所带来的摩擦阻力。其次，磁悬浮列车的推动力来自于直线电机，它的动力直接产生于列车和轨道之间，在高速行驶时就像一架超低空飞行的飞机，而且磁悬浮列车从根本上克服了传统列车机械噪声和磨损等问题，所以它将会成为人们理想的轨道交通工具。

德国研制的磁悬浮列车

摩托车

摩托车是装有内燃发动机的两轮车或三轮车。由于摩托车是由机器驱动前进的，形状和自行车差不多，所以最早的摩托车又被称为"机器脚踏车"。现代摩托车的设计更加合理先进，速度也越来越快。

如今摩托车的设计越来越先进，使驾驶者操作起来更省力。

摩托车的发明

世界上第一辆以蒸汽机为动力的两轮摩托车诞生于1869年，是由法国人皮埃尔·未肖发明的。而以汽油机为动力的摩托车是德国人戴姆勒发明的。1885年8月29日，戴姆勒把经过改进的汽油引擎装到木制的两轮车上，制成了世界上第一辆摩托车，并获得了专利。这辆摩托车装有两档变速器，最高时速可达19千米。同年11月，戴姆勒的长子鲍尔·戴姆勒驾驶着这辆摩托车以每小时12千米的速度试驶了3千米。

这是戴姆勒1885年发明的摩托车。

摩托车的构造

摩托车有类似自行车的钢架，引擎、变速器、油箱、车座以及其他部分都装配在车驾上。前制动器、油门、离合器、车灯的操控装置都装配在把手上。后制动器由脚踏板控制，也可以用脚换档。

不过许多摩托车都有自动换档变速器。前轮和后轮装有弹簧和液压减震器，以免摩托车行驶时上下震动得太厉害。引擎与变速器相连结，一般以铰链带动后轮。小型摩托车一般用气冷式二冲程汽油引擎。较大较贵的摩托车通常用四冲程引擎，这样可以更加充分利用燃料。

摩托车的结构

后视镜　车把　刹车　前车灯　油箱　引擎　车座　后车灯　排气管　储物箱　脚踏板

摩托车的动力类型

目前，摩托车动力装置一般采用的都是内燃机。人们对使用以柴油为燃料的发动机习惯称为柴油机，而对使用汽油为燃料的发动机就称汽油机。由于汽油机具有重量轻、体积小、噪音小、起动容易和造价低廉等优点，因此摩托车普遍采用汽油机作为其动力装置。还有一些摩托车用电启动器来起动发动机，而较小型的摩托车普遍用脚踏起动器。

竞赛使用的摩托车功率都很大。

形形色色的摩托车

摩托车既有自行车的灵活性和轻便性，同时又有汽车的机动性和高速性。现代的摩托车有各种型号，它们的用途也各不相同。普通型的摩托车主要用作城市交通工具，它的性能和速度都比较适中。交警驾驶的摩托速度快，可以在车辆中穿行，应付突发交通事件。越野摩托车的车身很轻，但功率和速度都很高，适用于体育竞赛。

现代摩托车技术的发展

目前，世界摩托车技术发展趋势呈现以下特点：电喷化速度加快，电控燃油喷射现代化油器已成为发展必然；发动机追求高速、高功率是其重要的设计目标。为改善其驾驶性，在机身上采用进排气可变技术调谐进排气压力波，使其在全工况下达到调谐状态。可变技术由机械控制向电控方向发展，其控制精度大大提高；电喷与排气催化技术组合是摩托车实现超低排放的重要措施。摩托车电喷技术可以优化燃烧过程，达到机内净化的目的，但不可避免地造成一些废气排放量增加，因此必须采用催化器进行机外净化。联合防抱死制动技术也将在摩托车上普及。目前，大排量摩托车普遍采用电子液压防抱死制动系统，但对于普通小型摩托车特别是踏板摩托车使用者来说，应该简化制动操作，提高制动安全感。开发可再生燃料使摩托车节约燃油消耗，降低摩托车运行成本；开发研制没有废气排放的电动摩托车，重视环境保护的摩托车技术是今后发展的重要方向。

边三轮摩托车

新型生态摩托车

摩托车比赛

摩托车运动充分体现了人与机械的完美结合，它集挑战性、技巧性和娱乐性于一体。摩托车的比赛项目有摩托车越野赛、公路赛等，无论哪种形式的比赛，凡同场参加竞赛的队员，所使用的摩托车必须是统一排量的，参赛摩托车不受生产厂家限制，小排量的摩托车可以代替大排量车参赛，摩托车越野赛和超级摩托车赛是在自然地形与人工障碍复杂地形的封闭路线上进行的多圈竞赛，场地障碍的复杂程度要充分考虑多数参加竞赛者的技术水平，否则可能带来不安全的因素。对摩托车运动员来说，在赛场上他们所展现的是体能、技能、战术、心理、毅力等综合实力。

汽车

汽车是由内燃机提供动力，主要在公路上行驶的交通工具。它通常有四个或四个以上的橡胶轮胎，用来运载人或货物。如今，在日常生活中，汽车已经成为最普通最常见的机动交通工具了。它行驶在四通八达的公路上，将物资、信息、人员运送到要去的各个地方。

汽车为人们的生活带来了很多便利。

汽车时代的来临

19世纪90年代后期，汽车制造商开始出售汽车。早期的汽车很难驾驶，速度也很慢，而且因为是手工制作的，所以价格非常昂贵，一般人买不起。1908年，在美国，随着福特T型汽车的生产，汽车开始对普通人敞开了大门。这种车简单实用、轻巧结实，经得起驾车技术较差的人随便碰撞，脚踏周转变速器操作十分方便。而且福特T型车最早采用流水线作业进行成批生产，每辆车的底盘装配时间从12小时减为1.5小时，到了1919年，装配线每月生产2000辆汽车，手工逐辆装配制造汽车的时代结束了。汽车得以迅速普及。

这是最早的以内燃机做动力的汽车。

汽车的发明

世界公认的汽车发明者是德国人卡尔·奔驰。他于1885年研制出世界上第一辆以汽油为动力的三轮汽车，并于1886年1月29日获得世界上第一项汽车发明专利。因此，这一天被认为是世界汽车诞生日，卡尔·奔驰也被后人誉为"汽车之父"。卡尔·奔驰发明的汽车前轮小，后轮大，发动机置于后桥上方，动力通过链和齿轮驱动后轮前进，每小时可以行驶15千米。这辆车已具备了现代汽车的一些基本特点，如电点火、水冷循环、钢管车架、钢板弹簧悬挂、后轮驱动、前轮转向和掣动手把等。1887年，卡尔·奔驰成立了世界上第一家汽车制造公司——奔驰汽车公司，他将毕生的精力都献给了汽车事业。

随着汽车制造技术的提高、成本的降低，汽车成为一般人也买得起的物品。

结实耐用的越野车

越野车就是大家常说的"吉普车"，是专门为在山地田野行驶设计的交通工具。越野车原是美国陆军的一种军用运输车。二战后，人们为了寻求乐趣和探险而驾驶这种车。现在越野车中配有真皮座椅和空调系统，行驶起来更加舒服。越野车的设计结构不同于普通汽车。普通汽车一般采用两轮驱动，功率较小；越野车拥有强劲的发动机，采用四轮驱动，功率很大，而且越野车的底盘较高，所以在非常不好走的路上也能正常行驶。此外越野车也适合做家庭用车。宽敞的空间、舒适的座椅以及各种先进的电子系统使越野车性能越来越全面。

越野车优越的性能使它可以轻松地在沙地中行驶。

汽车的种类

汽车有一个庞大的家族，它们虽然结构相似，但用途不一。其中主要有客车、旅行车、载货汽车以及专用汽车和特种车等等。从汽车派生出来的专用汽车和特种车名目繁多。众所周知的有起重运输车、冷藏/保温车、罐槽车、集装箱运输车、垃圾车、洒水车、道路清扫车、除雪车、公路抢险/清障车、高空作业车、电视转播车、救护车、警车以及消防车等等。

新颖时尚的跑车是追求新奇的人的最爱。

时尚的跑车

跑车是一些车迷用来游玩、追求刺激、享受驾驶乐趣的特殊类型的轿车。跑车具有非常强劲的动力、车子启动快、安全性能好的特点。此外，由于人在车上的位置设在汽车重心附近，因而感觉车身震动较小，不易疲劳。跑车的外形设计十分美观，典型的跑车大都是带有折叠顶棚的双座车，非常美观和时尚。跑车是轿车中的精品，造价高，售价也高。它显示了设计师们的高超技能，也体现了轿车的发展方向。

中型货车

新型汽车

劳斯莱斯高级轿车

未来汽车的雏形——概念车

将新理念、新科技和新艺术形象集于一身的概念车，是汽车制造商经过产品定位、市场调查后的试制品，是厂商对汽车市场走势的探索。它几乎是每届国际汽车展中的亮点。每辆概念车都是最新科技的结晶，都是设计师们艺术想像力的体现，都是艺术珍品，代表着未来汽车发展方向。可以说，概念车是汽车中内容最丰富、最深刻、最前卫、最能代表世界汽车科技发展和设计水平的汽车。所以，概念车也是最具吸引力的汽车。

自行车

自行车是一种两轮交通工具，它无需燃料，仅靠人力带动脚踏板产生动力，操纵灵活，是一种便利且无污染的高效能的交通工具。在不同的地区还有脚踏车、单车等名称。如今，自行车已成为人们使用最多、最简单、最实用的交通工具。

自行车的结构

刷车　车把　框架　车座　后闸　前闸　车轮　脚踏板　链条

自行车的诞生与发展

1791年，法国人西弗拉克发明了最原始的自行车。它只有两个轮子而没有传动装置，骑上去只能两脚蹬地前进。1817年，德国人德雷斯在自行车上安装了方向舵，使其能改变行使方向，但骑车时依然要用两只脚蹬地。1839年，苏格兰人麦克米伦对自行车进行了改进，他在后轮的车轴上装上曲柄，再用连杆把曲柄和前面的脚蹬连接起来，并且前后轮都用铁制，前轮大，后轮小。这样一来，人的双脚就能交替踩动踏板使轮子滚动。1886年，英国人詹姆斯又把自行车的前后轮改为大小相同，并增加了链条，这种车型与现代自行车基本相同。1888年，英国人邓洛普用橡胶制造出内胎，用皮革制造出外胎，以此作为自行车的充气轮胎。至此，现代自行车的轮廓已经初步显现出来了。

越野自行车

自行车的种类

随着自行车工业向舒适、安全、便携、高机械性能和多功能方向的发展，自行车的种类也越来越多，它不再仅仅是短途代步交通工具，而且能用于休闲、娱乐、健身。

自行车的种类包括：一般通勤车、公路竞赛车、多功能越野车和技术单车。一般通勤车是平时作为代步通勤用的车种；公路竞赛车是专门设计用来在公路上运动竞速的车种；多功能越野车是适合竞赛及休闲的车种，能够轻易地穿梭林道、河床地、公路及上下坡，还可以进行简单的跳跃动作；技术单车，技术花式表演用的车种，车身经过特殊设计，稳定性好，但不适合高速行驶，讲究的是让车手能灵活地操控车架，做出不同的特技动作。

苏格兰人麦克米伦于1839年发明的自行车

自行车运动的兴起

自行车运动起源于欧洲。1868年5月31日，人们在法国的圣克劳德公园举行了自行车比赛，赛程为2千米，这是世界上最早的自行车比赛。1893年举行了首届世界业余自行车锦标赛。1895年举行了首届世界职业自行车锦标赛。到了1896年自行车比赛被列为奥运会重要比赛项目。至今，各类自行车比赛多达几百个，其中尤以行程3900千米的环法自行车大赛最为著名。

交通信号

　　交通信号是交通管理人员通过一定的形式和特定的内容，向运行的车辆和行人发出的能否通行或如何通行的信息标识。它是带有行政命令的号令，所有交通参与者都必须严格遵守，以保障交通安全、畅通，防止交通事故的发生。从最早的手牵皮带到20世纪50年代的电气控制，从采用计算机控制到现代化的电子定时监控，交通信号在科学化、自动化上不断地更新、发展和完善。

现代交通信号是由电脑来控制的。电脑与道路底下的交通检测器相连接，监视交通流量并测算出改变灯光的最佳时间。

交通信号的发明

　　1868年，英国机械师德·哈特产生了将火车轨道信号应用在道路上的想法。他在伦敦的议会大楼外设置了第一个交通信号。它们像铁路信号一样有一个倾侧臂，并且将红色和绿色的煤气灯组合起来供夜晚使用。不幸的是，仅面世23天的煤气灯突然爆炸，一位正在值勤的警察因此送命。从此，城市里的交通信号灯被取缔了。直到20世纪初，由于汽车的发明，交通工具数量不断增加，使用交通信号便成为一种需要。1914年，美国人阿尔弗雷德·贝尼施发明了一种红绿灯系统，并且在俄亥俄州的克利夫兰安装了第一批这种交通信号灯，这时使用的已经是"电气信号灯"。4年后，在设置于纽约的交通信号灯上又增加了第三种颜色——黄色，提醒人们注意危险。至今，红、黄、绿三色信号灯已遍及全世界的各个交通领域了。

1903年，伦敦的交通已出现很大问题。马车、机动车和自行车处于混乱状态，这严重威胁着人们的安全。

交通信号的意义

　　所有交通信号，包括各种灯光指挥信号、交通指挥信号和手势指挥信号，其作用在于对平面交通路口各方向同时到达的车辆、行人交通流分配最有效的通行权，在时间上将互相冲突的交通流进行短暂分离，以便它有效地通过路口。一切车辆和行人都必须服从交通信号指挥。

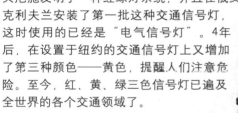

交通信号灯发明以后，交通状况才开始变得井然有序。

交通信号的种类

　　交通信号有灯光指挥信号、交通指挥信号和手势指挥信号三种。交通信号灯是以不同颜色的信号灯来实现交通控制和安全指示的重要手段。手势指挥信号主要用于交通警察临时指挥车辆通行。交通警察的指挥棒信号和手势指挥信号在交通指挥中具有技术简单和使用方便的优点，也有优先使用的意义，也就是说，车辆和行人遇有灯光信号（交通信号灯）、交通标志和交通标线与交通警察的指挥不一致时，应首先服从或只服从交通警察的指挥。

帆船

　　帆船是利用风力张帆行驶的水上交通运输工具。帆船的重要地位持续了很长一段时期，风帆的技术改良，使帆船更容易操控。这种扬帆航行的船为海上贸易运输做出了重要贡献，曾是无可替代的海上霸主。虽然现在帆船已被更加先进的货轮取代了水上货运工具的地位，但帆船独特的构造，使它成为人们海上娱乐的重要工具。

现代的帆船主要供人们在海上娱乐使用。

帆船的起源

　　帆船起源很早，早在8000年前，古代埃及的尼罗河水上航行用具中即出现了帆船的踪影，当时的旅人及渔夫都是撑篙驾着由芦苇制成的木筏来越过浅滩及大河，这种以芦草为船体加上简陋的帆，可以算是现代帆船的始祖。

威尼斯的商船
这艘船曾经远征过好几次，
航海技术与造船技术都相当
进步。

这种结构简单
的帆船能够在
海面上航行。

帆船的发展

　　由于海上贸易及交通的发展，帆船一再改良。8～11世纪，欧洲国家制造了一种帆桨型的贸易舰，性能很好，得到了广泛使用。15世纪时，欧洲各国积极拓展贸易，海上交通日趋活跃，因此帆船的研制偏重性能及实用性的提升。这段时期，西班牙制造出设有三只帆桅的帆船，成为后来远洋船的雏型。帆船在功能设计上已有了明显的进步，而最特殊的设计便是"中国帆船"。在当时，中国帆船已用帆骨及支骨来支撑帆面，这种设计让帆船在顶风(逆风)时也有较高速度。随着工业的发展，帆船的设计日趋完善。19世纪时，为了使运输货物的时间缩短，美国率先建造了快速帆船，后来这种帆船演变成著名的巴底摩尔快速帆船，这时帆船的发展达到了顶峰。但不久，由于蒸汽机的使用，大量的船舶都装上了机器动力，帆船渐渐失去了在航运中的重要地位。

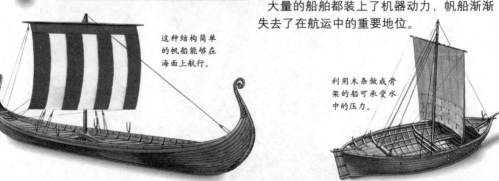

利用木条做成骨
架的船可承受水
中的压力。

帆船的分类与基本构成

　　帆船主要分为龙骨船、稳向板船、多体船、帆板及古帆船五大类。龙骨船有单桅、多桅之分。一般说来，龙骨船排水量大、构造复杂、价格昂贵，需要多人操纵，适合于较长距离海上竞赛和远洋探险。稳向板船的水下稳向部分是可调的。这种船具有小巧、灵活、造价低、便于操纵、易于普及等特点。多体船有双体船和三体船。帆板的鲜明特征是操帆者站在一块滑行板上航行，没有舵，只有尾鳍。古帆船是完全采用仿古设计的帆船，通常为多桅布局，装饰华丽，以进行娱乐性比赛和训练水手海上操作为主。各种帆船的结构基本相似，主要由船体、桅杆、稳向板或龙骨、舵、帆和索具组成，船体的制作材料为木材或玻璃钢。船上配有掌握航向的罗盘，大型帆船为适应长距离远洋竞赛的要求，还配有全球卫星定位系统，无线通信联络系统等。

三桅帆船

　　15世纪初，土耳其人攻陷了君士坦丁堡，通往东方的通道完全被封闭了。为了制造更大、更好的船能够漂洋过海去寻找新的财富，西班牙和葡萄牙的造船商把酒船和快帆船合并，建成了有三根桅，能利用65°角以内的风行驶的三桅帆船。三桅帆船的船体结构更加合理，能装载大量生活必需品，可以在海上连续待上数月，甚至可以环绕地球航行。它的出现使得1492年哥伦布发现美洲新大陆成为可能。三桅帆船的出现，彻底改变了西方在造船技术上落后于东方的历史，也使西方渐渐在世界贸易中占据主导地位，随后进行的"地理大发现"和这种帆船的出现及航海新技术的使用密不可分。

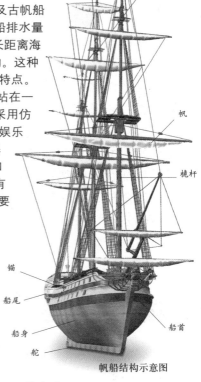
帆船结构示意图

现代帆船

　　在不可再生能源——比如煤、石油等不断减少的情况下，人们开始认识到节约能源，更加合理地利用能源，保护能源的重要性。现代帆船就是在这种前提下诞生的。1980年，排水量16000吨的日本油轮"新爱德丸号"下水。它除了用发动机驱动以外，还借助风帆节省燃料。帆在不用的时候可以绕桅杆纵向折起，使用时自动张开。帆由电脑控制的电动机驱动，与风向保持最佳的角度。

三桅帆船

帆船运动的起源

　　帆船比赛是运动员驾驶帆船在规定的距离内比赛航速的一项水上运动。帆船运动起源于荷兰。1662年，英国皇室举办了第一次英国与荷兰之间的帆船比赛。1720年前后，各国帆船俱乐部和帆船协会纷纷建立，并经常举行大规模的比赛。从1900年的巴黎奥运会开始，帆船比赛被列为奥运比赛项目。从那以后，比赛形式和参赛的帆船都在不断变化。现在的奥运帆船赛的参赛船只都属于同一种设计，尺寸和重量也差不多。

轮船

轮船是利用机器动力航行的船，船身一般用钢铁制成。随着社会的进步，各国家之间贸易往来的增加，人们之间的联系日益频繁，但帆船受风向和风速的限制，航行并不便利。于是人们便开始研究利用新型动力、在各种天气里都能行驶的船。轮船的发明，让人们的愿望得以实现。轮船更加适应社会的发展，在政治、经济、军事等方面发挥了重大作用。

蒸汽轮船的发明

18世纪，蒸汽机的发明，为船舶动力的发展开辟了广阔的前景。而蒸汽轮船的发明则归功于美国人富尔顿。富尔顿在1797年提出了制造蒸汽动力轮船的设想。1803年，他制造出自己设计的第一艘以蒸汽机为动力的轮船，并在船上安装了明轮，这艘船在法国塞纳河上试航成功。1805年，富尔顿得到了蒸汽机发明家瓦特的支持，购买了瓦特新设计的功率更大的蒸汽机，将它带回美国。1807年，富尔顿又造了一艘铁壳轮船"克莱蒙特号"，在纽约的哈德逊河下水，首次试航成功，完成了从纽约到奥尔巴尼的航程，连续航行240千米左右。富尔顿一生建造轮船17艘，是公认的蒸汽轮船的发明人。

富尔顿制造的第一艘汽船

螺旋桨轮船的出现

明轮的蒸汽轮船虽然比风帆推动的船先进许多，但它也有缺点。明轮船的明轮不仅增加了船的宽度和航行时的阻力，而且在码头上停靠时，与两旁的轮船很容易发生碰撞。另外，如果水草一类的缠绕物绞住明轮的叶片或轴，明轮就不能转动。这些缺点促使人们寻找一种更佳的动力装置。1837年，英国的佩蒂特·史密斯爵士首次试验用螺旋桨推进的汽艇。他研制的推进器是木制的，它确实加快了轮船的速度。后来，史密斯建造了"阿基米德号"，于1838年在米尔沃尔下水。到19世纪60年代，用螺旋桨作推进器的轮船已经完全将装明轮的蒸汽船淘汰掉。但人们却一直保留着"轮船"这个名字。

原子能船的优势

核能发明后，人们很快把它应用于船舶的推进上。这样，就出现了新型的原子能船。原子能船和一般的轮船在外表上差别并不大，它用小型原子反应堆把水加热成蒸汽来驱动涡轮机，实际上属于汽轮机轮船的一种。它最突出的优点是需要的燃料量很少，可以连续航行两三年。另外，由于可以采用大功率的汽轮机或燃气轮机作为主发动机，因而速度可以增加得很快。

"阿基米德号"是最早设有螺旋桨的船，它的速度比以往的船要快很多。

海上旅馆——豪华邮轮

一艘现代化的豪华邮轮就像一个海上旅馆，乘坐它，乘客们能尽情享受旅行的乐趣。邮轮上不仅配备了舒适的生活设施，而且设有游泳池、歌舞厅、电影院、布置豪华的餐厅、富丽堂皇的休息室，甚至还有小型的体育场馆等，让旅客有一个轻松愉快的旅程。在邮轮上，配有先进的管理和控制系统，能及时接受导航，获取有关气象、航道等多方面

"伊丽莎白女王2号"豪华邮轮

邮轮内精致的布置

的信息，避免触礁或撞上冰山。在水下，一排密封舱壁横穿船底，把它分成互相隔离的一间间小室，这样即使船身受损，船也能浮动，不会下沉。豪华邮轮上的设施均采用防火材料制造，具有良好的防火性能。同时，船上配备了各种现代的报警装置、消防设施、安全通道以及各种求生设备。因此，豪华邮轮的安全性是很高的。

形形色色的水上作业船

在江河湖海中，有一类特殊的船，它们不承担运输任务，而是专门进行一些特殊的水上作业，因此被称为水上作业船。水上作业船的种类很多，如消防船、挖泥船、打桩船、起重船等等，它们个个都有特殊的本领。起重船的吊臂很长，能四面旋转，一次能吊起几百吨货物。打桩船装有力大无比的汽锤，一锤下去，能把又粗又长的钢管压进水底十几米。挖泥船有个大抓斗，能把水下航道中的淤泥挖上来，保持航道畅通。破冰船的船头又重又硬，可以在布满厚冰的水面上开出一条航路。消防船上装有高压水枪，遇到海上的船只或者设备起火了，它能迅速扑灭几十米远的火焰。救生艇的船身虽然不大，却能快速及时地救助身处险境的人。这些特殊的船只，担负着使水面航运正常的重要责任。

可以拉动比自身重量多几倍甚至几十倍大船的拖船。

集装箱货轮

海上运输巨无霸——集装箱货轮

现代货船中，集装箱货轮是装卸速度最快、最经济实用的大型海上运载工具。1956年，美国制造了世界上第一艘集装箱货轮。它的装卸效率比常规货轮快10倍，停港时间也大为缩短，并减少了运货装卸中的货损量。因此，集装箱货轮得到迅速发展，到70年代已成熟定型。集装箱货轮设有内部甲板，机舱设在船尾，船体其实就是一座庞大的仓库，可达300米长。因为集装箱都是金属制成，而且是密封的，里面的货物不会受雨水和海水的侵蚀。集装箱货轮一般停靠专用的货运码头，用码头上专门的大型吊车装卸，节省了人力和时间，因此为现代船运业所普遍采用。现代化的大型货运码头，使用集装箱后大大提高了航运的效率。

气垫船

气垫船是利用高压空气的支承力悬浮在水面上航行的船。气垫船还可以在某些陆上地形行驶。它的优点是吃水小，几乎没有水的阻力，不受波浪颠簸的影响，所以速度快，稳定性好。气垫厚度大的大型气垫船，还可越过海洋的波涛。气垫船是现代优秀的水上运输工具之一，它的发明被认为是自轮子发明以来的重大突破，改变了人类的水上运输体系。

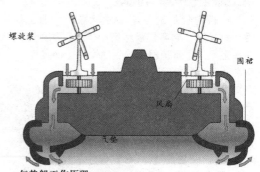

气垫船工作原理

气垫船的发明

气垫船是1952年由英国工程师科克莱尔发明的。大学毕业后，科克莱尔与妻子独立开办了一家小型造船公司。为了提高船的航行速度，他想制造一种能把空气放在水与船之间，使摩擦力减小的船。科克莱尔利用家中的吹风机，通过一根管子向两个咖啡罐头盒喷射气流，实验证明，这种方法可以在罐头形成气垫，产生举升力的效果和科克莱尔预想的一样。英国研究开发公司总经理哈尔斯倍利独具慧眼，预见到气垫船的重要性，便帮助科克莱尔获得了专利权。1959年，科克莱尔研制成功一艘长9.1米，宽7.3米的气垫船。这艘气垫船顺利地穿过了英吉利海峡，成为世界上第一艘实际航行的气垫船。

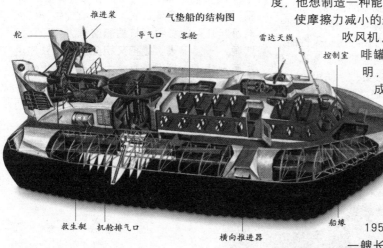

气垫船的结构图

舵　推进桨　导气口　客舱　雷达天线　控制室　救生艇　机舱排气口　横向推进器　船缆

气垫船的工作原理

气垫船的基本原理就是利用鼓风机将空气增压达1.3～1.5个大气压，并将空气排到船底与水面之间，高压空气便在船底和水面之间形成气垫，并通过空气螺旋桨或喷气方法推动船前进。在气垫船的船底四周设有环形喷口，气流从喷口向外倾斜地高速喷出，由于水面的阻挡，气流在船底积聚形成气垫，并产生一股很强很大的升力，把船托离水面。由于物体同空气的摩擦要比物体同水的摩擦小得多，所以气垫船向前运动时只受空气阻力，这使它能在水面上高速滑行。

应用于军事上的气垫船

热气球

热气球是依靠向球体内充入热空气，产生浮力而升空的飞行器。热气球刚出现时，就得到了社会各界的广泛关注。随着人们生活方式的巨大变化，它已经成为现代人求新、求变、追求惊险刺激的重要工具。现在，热气球不但成为一项热门的体育项目，还在休闲娱乐、高空拍摄、体验飞行、广告宣传等领域有着重要作用。

气囊
开伞索
降落伞
通气口
燃气喷嘴

热气球的基本构造

热气球的发明

18世纪初，法国造纸商蒙格尔非兄弟受碎纸屑在火炉中燃烧，不断升起的启发，用纸袋聚集热气做实验，而纸袋真的随着气流飘然上升。1783年，蒙格尔非兄弟制造的热气球进行了世界上第一次载人空中航行。热气球在巴黎上空飞行25分钟后安全着陆，实现了人类首次飞上蓝天的壮举。二战以后，随着经济的发展、高新技术的应用、化学纤维的研发和丙烷气体的普及，热气球获得了迅速发展。由于热气球操作简单，安全可靠，很快便成为风靡全球的时尚运动。

蒙格尔非兄弟
发明的热气球

热气球的构造

热气球由球囊、燃烧器、吊篮三大部分构成。球囊通常是由色彩艳丽、耐高温（150℃）、高强度的尼龙或涤纶布缝制而成。标准热气球的形状为水滴形，也可做成各式各样的异型球。燃烧器是把气瓶内的液态丙烷（或液化石油气）气化后与空气混合形成可燃气体，充分燃烧后，将高热气流喷射进球囊，使其内部空气迅速加热升温，以产生升力。吊篮一般由藤条编制而成，以减缓热气球着陆时与地面的撞击，主要用于装载飞行员、乘员、燃料瓶及必要设备。

热气球的飞行原理

热气球主要是根据热空气轻于冷空气而产生上升力的原理来飞行。通过控制燃烧器点火、熄火的间隔时间长短，可以调整球囊内温度，并且控制热气球的上升和下降，利用不同高度层的风向，可以控制和调整热气球的前进方向。热气球的飞行速度与风速相同。

热气球运动是深受人们喜爱的空中娱乐工具。

在热气球内充满热空气后，它就可以飘在空中了。

飞机

飞机是依靠机械动力飞行的空中交通工具，由机翼、机身、发动机等部分构成。飞机的发明，是20世纪人类文明高度发展的重要标志，对人类生活产生了重大影响，甚至在一定程度上改变了20世纪的人类历史。飞机广泛应用在交通运输、军事、工业、农业、救护、体育、测量等多种领域，为提高人类的生活质量做出了巨大贡献。

飞机的发明使国家之间的距离变短了。

飞机的结构

飞机主要由五部分组成，即推进系统、操纵系统、机体、起落装置和机载设备。推进系统包括动力装置(发动机及其附属设备)以及燃料，其主要功能是产生推动飞机前进的推力(或拉力)；操纵系统的主要功能是形成与传递操纵指令，控制飞机的方向舵及其他机构，使飞机按预定航线飞行；机体包括机翼、机身及尾翼等，飞机整个外部都属于机体部分；起落装置包括飞机的起落架和相关的收放系统，其主要功能是飞机在地面停放、滑行以及在飞机的起飞降落时支撑整个飞机，同时还能吸收飞机着陆和滑行时的撞击能量并操纵滑行方向；机载设备是指飞机所载有的各种附属设备，包括飞行仪表、导航通讯设备、环境控制、生命保障、能源供给等设备以及武器与火控系统(对军用飞机而言)或客舱生活服务设施(对民用飞机而言)。

早期的飞机

给人类插上翅膀——飞机的发明

1903年12月17日，美国的自行车制造商莱特兄弟在北卡罗莱纳州的基蒂霍克试飞成功一架结构单薄、样子奇特的双翼飞机——"飞行者一号"。

"飞行者一号"成功地升空飞行，是人类历史上第一次有动力、载人、持续、稳定、可操纵的重于空气飞行器的首次成功飞行。1904年，莱特兄弟制造了"飞行者二号"飞机，性能有了很大提高。1905年又制造了"飞行者三号"，它在试验中留空时间多次超过20分钟，飞行距离超过30千米。"飞行者三号"共飞行了50次，全面考察了飞机的重复起降能力、倾斜飞行能力、转弯和完全圆周飞行能力、"8"字飞行能力。能进行这些难度较大的机动飞行和有效操纵表明，这架飞机已具备实用性，因此被看作是第一架实用飞机。

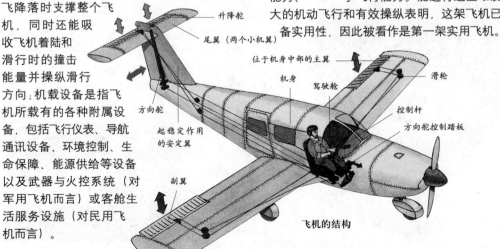

升降舵

尾翼(两个小机翼)

位于机身中部的主翼

机身

驾驶舱

滑轮

方向舵

起稳定作用的安定翼

控制杆

方向舵控制踏板

副翼

飞机的结构

飞机的种类

按飞机的用途划分，有国家航空飞机和民用航空飞机两种。国家航空飞机是指军队、警察和海关等使用的飞机；民用航空飞机主要是指民用飞机和直升机。民用飞机包括民用的客机、货机和客货两用机。按飞机发动机的类型划分，有螺旋桨飞机和喷气式飞机两类。螺旋桨式飞机，包括活塞螺旋桨式飞机和涡轮螺旋桨式飞机。飞机引擎为活塞螺旋桨式，是最原始的动力形式，它利用螺旋桨的转动将空气向机后推动，借其反作用力推动飞机前进。喷气式飞机包括涡轮喷气式飞机和涡轮风扇喷气式飞机两种。喷气式飞机的优点是结构简单、速度快、燃料费用少、装载量大。

大型客机

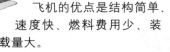

全金属制成的竞赛使用的滑翔机

高效的货物运输机

货物运输机是专为运载货物而制造的。为了货物装卸方便，机身设计得比较低矮，在机身前后都装有能电动开启的大舱门。同时，货物运输机在军事方面也十分重要。它可以一次运送许多战士到远方去，或运送许多伞兵部队跳伞，甚至能运载吉普车和小型的战车。现在，人们正在研制更加先进的货物运输机，这种新型的货物运输机飞行速度更快，运送的货物量也将更大，以促使各地的货物能快速地流通。

能运载大型货物的运输机

用途广泛的轻型飞机

轻型飞机指的是用途十分广泛的小型飞机。它们可以用来进行飞行员培训、农作物播种、空中摄影，而参加急救的医生们也经常乘坐这种轻型飞机。除了这些，它们还可以供人们观光旅游、休闲娱乐。轻型飞机的操控简单，通过油门和操纵把手，可以轻松地使飞机起降和在空中飞行。轻型飞机的机翼相对较大，因此有很好的滑翔性能，但是飞行速度比较慢。现代轻型飞机的结构材料一般用铝合金管，机翼多采用尼龙布，配备了功率较大的专用发动机，这使得轻型飞机更加结实、安全、轻便。

协和式飞机

超音速客机

20世纪60年代末，英国和法国联合研制的协和式飞机的速度超过声音两倍。虽然这种飞机在当时取得了很大成功，但后来由于法国航空公司的协和式客机出现了几起坠机事故，使得这种飞机被迫停产。科学家正在不懈努力，使超音速飞机的技术能够更加完善，继续为人们提供服务。

飞艇

　　飞艇属于飞行工具的一种，它没有翼，利用装着氢气或氦气的气囊所产生的浮力上升，靠螺旋桨推动前进。飞艇的飞行速度比飞机慢很多。随着科学技术的进步，飞艇已完全使用安全的氦气，其发展又活跃起来。采用新技术的新型飞艇被用于空中摄影摄像、巡逻等方面。

电动马达式飞艇

飞艇的发明

　　世界上第一艘飞艇是法国工程师亨利·奇法特于1852年发明的。橄榄型的飞艇长44米，直径12米，在软式气囊下有一三角形风帆用来操控飞行方向，在吊篮内装有一台功率很小的蒸汽发动机，驱动一副三叶螺旋桨。早期软式飞艇的气囊要靠充气的压力才能保持外形，而且飞得又慢又低。为了研制一种实用的飞行器，1890年，德国人齐伯林开始了研究新型飞艇的工作。他使用铝材做飞艇的骨架，使气囊始终保持一定的形状，气囊内还有许多个分隔的小气囊，这使飞艇的安全性有了提高。1900年，第一艘齐伯林式飞艇"LZ-1号"进行了首次飞行。该飞艇呈长圆筒型，长128米，直径11.7米，装有2台16马力的内燃发动机，还有方向舵和升降舵。这就是世界上第一艘硬式飞艇。飞艇刚一问世，就被德国用于军事用途，进入了一个辉煌的时期。

法国人奇法特发明的最早的飞艇。

"兴登堡号"飞艇失事的惨况

飞艇的用途

　　飞艇的用途十分广泛，在军事上可用于反潜侦察、空中指挥以及防暴等。民用上可用于空中广告、空中直播、空中旅游观光、重大集会宣传、空中交通指挥、空中巡逻、在交通不便的山区进行物资的搬运，用于低空扫描、测绘，还可用飞艇搭载无线电发射机，进行无线电通讯、低空喷洒农药化肥（适用于大面积的农作物地区），飞艇还可以像直升机一样进行紧急救护（主要用于海上急救）等。

如今飞艇多被用作商业用途。

"兴登堡号"飞艇事故

　　"兴登堡号"是齐伯林公司制造的当时世界上最大的飞艇。艇上装有无线电台和电报系统。艇内设有豪华的旅客卧室、餐厅、休息厅、吸烟室以及可供散步的走廊，堪称当时飞艇制造技术的顶峰。1937年，"兴登堡号"飞艇顺利飞跃大西洋，正要在美国新泽西州莱克赫斯特基地着陆时，因撞上建筑物而爆炸起火焚毁，造成36人死亡的震惊世界的大惨剧。"兴登堡号"的失事导致德国终止了飞艇计划，后来所建的少数飞艇（大多属于军用飞艇）也不再使用氢气。"兴登堡号"的事故结束了豪华飞艇飞行的一个篇章。

直升机

直升机是依靠机身上部的一副或两副旋翼飞行的小型飞行器。它的最大优点是能从地面垂直起飞或从空中垂直降落，而且不需要很大的机场。在空中，它来去自如，上下升降，十分灵活，是一种理想的小型飞行工具。

性能优越的小型直升机

能够垂直升降是直升机最大的特点。

直升机的发明

1939年，美国人西科尔斯基研制出世界上第一架能够被人操纵的直升机。这架直升机的机顶上有一个巨大的单翼螺旋桨，尾部有一个尾桨，用来保持机身的平衡。它的外形至今仍被现在的飞机设计师们所采用。

民用直升机的用途

直升机具有能长时间空中悬停、垂直升降、低空低速飞行、机动灵活等特点，用途十分广泛。近年来，随着经济和科技的发展，直升机的应用已渗透到了国民经济的众多领域，并逐渐发挥出越来越大的作用。在一些发达国家，直升机被广泛用于商务运输、观光游览、缉私缉毒、治安消防、医疗救护、通信联络以及森林灭火、喷洒农药、探测鱼群、石油勘探等国民经济的各个部门。目前全世界民用直升机的队伍正在迅速壮大。

直升机起降的原理

直升机没有机翼，它的机体上方安有一副或几副类似于大直径螺旋桨的旋翼。直升机的发动机驱动旋翼提供升力，把直升机托举在空中，旋翼还能驱动直升机倾斜，产生向前、后或左、右的水平分力，使直升机既能垂直上升下降、空中悬停，又能向前后左右任一方向飞行。直升机旋翼旋转时，会产生向上的升力，旋转得越快，升力就越大。如果降低旋转翼的速度，直升机就会徐徐下降。直升机就是依靠旋翼才实现了垂直起飞和降落的。

武装直升机

武装直升机是配有机载武器和火控系统，用于空战或对地面、水上和水下目标实施空中攻击的直升机的统称，包括专门设计制造的各种攻击直升机、歼击直升机以及加装有机载武器和火控系统的其他直升机。武装直升机按不同的作战用途可分为：反坦克武装直升机、反舰武装直升机、反潜武装直升机、火力支援武装直升机、空战武装直升机等等。

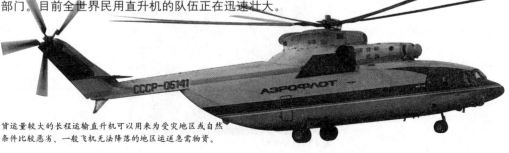

货运量较大的长程运输直升机可以用来为受灾地区或自然条件比较恶劣、一般飞机无法降落的地区运送急需物资。

石油

石油又称原油，是从地下深处开采的棕黑色可燃黏稠液体。经提炼可以制成燃料和润滑油，还可制成许多化工工业用的原材料。石油是现代文明的神经动脉，对于任何一个国家都是一种生命线，它对于经济、政治、军事和人民生活都极其重要。

石油是由沉没在浅海、湖沼等底部的有机物（主要是浮游生物的遗骸），受到水压和地热而起反应形成的。

石油的发现

中国是最早开采石油的国家。世界上最早发现石油的地方是在中国今陕西省延安地区的延河流域。世界上第一个为石油命名的人，是中国北宋科学家沈括，他在1080年到延河流域考察后所著《梦溪笔谈》中记载："石油至多，生于地中无穷，此物后必大行于世。"第一次提出了"石油"这个科学的命名。

石油和天然气的形成过程图

海洋微生物死亡飘落到海底。

石油和天然气形成。

石油和天然气向上移动。

贮油层和瓦斯层　断层

石油的勘探

石油勘探也被称作找油。由于石油在地下形成，所以它不断试图从多孔、能渗透的岩层渗到地表。当它碰到不渗透的岩石"屋脊"时，它被限制在一起并开始形成一个储油层。地质学家知道有可能形成石油储量的地区的岩石结构，并且已探索出能够找到潜在油田的探测技术。其中一种方法是爆破法：点燃炸药将振动传到地下。然后测量爆炸的回声，经过分析绘出地下岩层的结构图。如果这个岩层结构可能存在石油，再通过一系列试验井做进一步测试。如果试验井能钻出油，就在此建石油开采井。

海上的钻井平台

石油的形成及其衍生物

石油是亿万年前生活在地球上的低等动物和植物被分解后的产物。它们死后被一层层的沉积物覆盖。随着时间的推移，这些有机体在沉积物的重压下变成了石油。石油的外形差别很大，有的为浅黄色液体；有的是黑色、黏稠的焦油。石油的主要衍生物为燃料。如汽油、航空煤油和柴油。其他衍生物还包括燃料、润滑油、药品、尼龙、聚脂织物、塑料以及聚合物化学溶剂、合成橡胶和石蜡等。

海洋能

　　海洋能是依附于海水作用，蕴藏在海水中的能量。它主要产生于太阳辐射以及月球和太阳的引力。海洋能具有可再生性、不污染环境等优点，有广阔的开发前景。

海洋储藏着庞大的自然能源，它是不断产生的可再生能源。

海洋能的发展

　　法国在20世纪60年代就投入巨资建造了至今仍是世界上容量最大的潮汐发电站。英国从20世纪70年代以来，制定了强调能源多元化的能源政策，鼓励发展包括海洋能在内的多种可再生能源。

利用海水温度差发电的发电方式有两种：左为浮在海上发电方式；右为陆上发电方式。

日本在海洋能开发利用方面十分活跃，成立了海洋能转移委员会及海洋温差发电研究所，并在海洋热能发电系统和换热器技术上领先于美国，取得了举世瞩目的成就。美国把促进可再生能源的发展作为国家能源政策的基石，由政府加大投入，制定各种优惠政策，经长期发展，成为世界上开发利用可再生能源最多的国家，其中尤为重视海洋发电技术的研究。

海洋能的种类及特点

　　海洋能的种类很多，有海洋温差能、潮汐能、波浪能等等。海洋温差能是因上下层海水的温度差而产生的能量，其蕴藏量最大，约占海洋能资源总量的半数。大量的太阳能被海洋吸收，长期积存在海水的上层，它与深层的冷海水形成一定的温差，尤其在赤道附近的海域，这种温差可达20℃左右，故可用于温差发电；潮汐能是因潮汐落差而产生的能量。海水主要受月球的引力作用，并随着地球、月球、太阳的相对位置不同，每天发生周期性的涨落，在一些海湾和河口，潮差可达几米或十几米。修筑堤坝等水工建筑物，就能利用潮水的落差进行水力发电；波浪能是由于风作用于水面，借水的重力而形成的动能。海面开阔，水量巨大，具有形成较大波浪能的条件。选择浪高波涌的地方收集波浪能，可以进行发电。

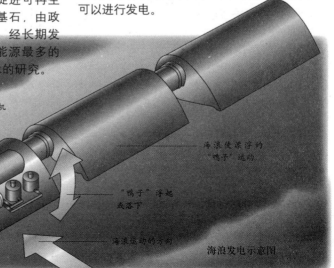

发电机

安装水力发电机的陀螺仪

发出的电送上海岸

海浪使漂浮的"鸭子"运动

"鸭子"浮起或落下

海浪运动的方向

海浪发电示意图

太阳能

太阳是离地球最近的一颗恒星，是个不断进行核聚变反应的巨大的炽热的球状气团。由于其内部深处的极高温度（约20兆度）和极高压力（约$2×10^{16}$帕，相当于2000亿大气压），使原子的热核反应得以不断进行，从而通过太阳表面以光的形式向宇宙空间辐射出巨大的能量，这就是太阳能。太阳能有取之不尽、就地取用、无需搬运、分布广泛、取用方便、可再生及无污染等优点，具有巨大的潜力和前景。

太阳放射的光和热所产生的能量，对生活在地球上的万物而言，是不可或缺的生命源泉。

最早的太阳能应用

中国是最早利用太阳能的国家，其历史可追溯到约2700年前。在周代，中国人即能利用凹面镜的聚光焦点向日取火。这是较原始的太阳能利用。清朝光绪年间，中国最早研究太阳能的学者是四川洪雅县的肖什泰。他深信太阳能的威力，自筹资金，从国外买来有关的仪器设备，研制出了一面小型聚光镜，利用太阳能来烹、煮、烘、烤各种食物，经过45次调整试验，获得了成功，这可以说是中国最早的太阳灶了。它与现代太阳灶的原理相同，形状像一把倒撑着的伞一样。

这是法国建造的太阳熔炉，阳光直接照射在巨大的凹面反射器上，这种反射器是一个有计算机控制的平面镜阵列。

太阳能光热利用的发展

太阳能的光热利用，除太阳能热水器外，还有太阳房、太阳灶、太阳能温室、太阳能干燥系统、太阳能土壤消毒杀菌技术等，它们均成效显著。太阳能热发电是太阳能热利用的一个重要方面，根据集热方式不同，又分高温发电和低温发电。美国、日本、意大利等国在太阳能热发电方面较领先。若能用太阳能全方位地解决建筑内热水、采暖、空调和照明用能，这将是最理想的方案，太阳能与建筑一体化的研究与实施，是未来太阳能开发利用的重要方向。

来自太阳的电力

通常有两种从太阳能辐射中采集电力的方法。最广泛的是太阳能电池或光电电池。太阳能电池是一种可以把光能转变为电能的半导体片。最初，光电池是被用来向卫星和空间探测器提供能源而开发的，但是现在从计算器到实验汽车的许多实物中都可以看到它。而最有前景的大规模能量采集方式是太阳熔炉。这种太阳熔炉使用巨大的名为逐日镜的倾斜反光镜阵列，它可以跟随太阳照射的方向转动，把太阳光线聚集在一个收集器上。收集器一般安放在远离地面的塔上。流经收集器的水迅速地沸腾，蒸汽膨胀的力量可以用来推动涡轮旋转。涡轮带动发电机发电，其方法与许多其他类型的电站是相同的。

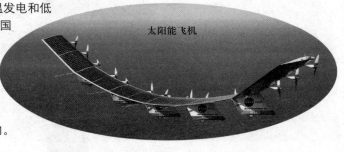

太阳能飞机

第六章
军事
Military Affairs

战争的需求，科技的发展使武器装备不断出现巨大的飞跃、新发明、新品种竟相问世，而新兵器的出现往往对军队编成、战争样式、战略战术产生重大的影响。武器自古时就有，而且不断发展更新。到了近现代，武器的发展更是突飞猛进、日新月异。从短小精悍的手枪到原子弹的发明，这些武器的发明让战争的激烈程度不断升级，现代高科技武器不断出现。相信先借人类的智慧，以后将会有更加先进精密、威力强大的武器不断出现。

手枪

　　手枪是指以单手发射的一种短枪，是一种作为近战和自卫使用的小型武器。手枪具有小巧轻便、隐蔽性好、能突然开火、在50米距离内有良好的射击效能等特点。手枪能够单手操作，便于快速装弹和射击，主要用于近距离射击，因而是陆海空三军广泛装备和使用的一种轻武器。

手枪是一种可随身携带，并由单手射击的袖珍武器。

手枪的发展

　　14世纪中叶，意大利出现了成批制造的一种名为"希奥皮"的短枪。这种枪长仅17厘米，许多人认为它是世界上第一种手枪。到了15世纪，欧洲的手枪由点火枪改进为火绳枪。火绳式手枪克服了点火枪射击时需一手持枪，另一手拿点火绳点火的不便，实现了真正的单手射击。有实际效用的手枪是16世纪用轮盘打火的燧发手枪。早期的燧发手枪是枪式发火枪，由带锯齿的钢轮、链条、弹簧和击锤等组成发火机构。射击前，射手先用扳手上紧发条，射击时解脱钢轮，钢轮快速旋转时其锯齿边缘与燧石摩擦，发出火花点燃火药。

18世纪欧洲勇士决斗时使用的遂发手枪。

手枪的起源

　　在14世纪初或更早，手枪几乎同时诞生在中国和普鲁士（今德国境内）。中国元代时出现了一种小型的铜制火铳——手铳。使用时，先从铳口填入火药、引线，然后塞装一些细铁丸，射手单手持铳，另一手点燃引线，从铳口射铁丸和火焰杀伤敌人。这可以看作是手枪的最早起源。1331年，普鲁士的黑色骑兵使用了一种短小的点火枪，骑兵把点火枪吊在脖子上，单手握枪靠在胸前，另一手拿点火绳引燃火药进行射击。这是欧洲最早出现的手枪雏形。

撞击式遂发手枪及装药盒。

左轮手枪的发明

　　左枪手枪，也称转轮手枪。世界上第一支具有实用价值的左轮手枪是由美国人塞缪尔·柯尔特在1835年发明的。他获得了第一个击发式转轮手枪的英国专利。1855年，柯尔特又在击发式转轮手枪的基础上发明了扣压扳机自行联动完成待机和击发两步动作的手枪，这样如果一发子弹突然瞎火，再扣动扳机后，另一发子弹就会对准枪管待击，非常具有实战价值，因此很快在世界各国得到了广泛使用。左轮手枪问世后经过不断完善，终于成为两次世界大战中的抢手武器。英国、美国都对左轮手枪大批订货。加拿大、巴西、中国军队也先后为军队装备了左轮手枪。柯尔特被誉为"左轮手枪之父"。

各式各样的转轮手枪

转轮手枪的工作原理

转轮手枪是一种非自动的多装弹枪械。枪框上有个圆筒叫转轮，转轮上开有几个弹孔，沿圆周均匀地排列，这些弹孔叫弹巢或弹膛，子弹就装在里面。转轮绕轴旋转，使弹膛依次与枪管对齐，能够进行连续射击。每扣一次扳机，转轮旋转一个角度。当弹膛的轴线、枪管轴线与击锤尖端同在一条直线上，击锤向前打击子弹底火，枪弹就被发射出去。转轮手枪打完子弹后就得退壳和重新装弹。将转轮推出枪框常见的方式是转轮式甩出。

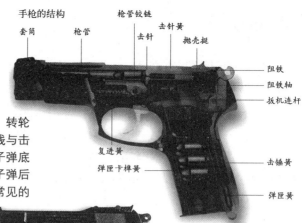

手枪的结构

套筒　枪管　击针　枪管铰链　击针簧　抛壳挺　阻铁　阻铁轴　扳机连杆　复进簧　弹匣卡榫簧　击锤簧　弹匣簧

比利时制造的勃朗宁9毫米手枪

可在水中射击的新型枪械——水下手枪

水下手枪是由美国、苏联分别研制的一种新型枪械。其代表枪型为P119式4.5毫米水下手枪，主要装备俄罗斯或其他原苏联加盟共和国的蛙人部队。P119式4.5毫米水下手枪采用4根枪管联装结构，弹夹供弹，手工装填，单发射击。它是目前最先进的水下近距离射击武器之一。但是，P119式水下手枪在水中射击时精确度较差，射手必须掌握射击要领，并具备良好的心理素质，才能达到最佳的射击效果。

P119式4.5毫米水下手枪

现代化的自动手枪

自动手枪的发明

通常所说的自动手枪，实际上仅指能自动装填弹药的单发手枪（即射手扣动一次扳机，只能发射一发子弹）。所以严格地说应叫作自动装填手枪或半自动手枪。目前，各国军队装备的手枪大多是这种枪。世界上第一支自动手枪是由美籍德国人雨果·博查德于1890年发明的。1895年，德国的著名枪械设计师毛瑟发明了毛瑟自动手枪，毛瑟手枪采用枪管短后退自动方式，即发射后枪管和枪机共同后坐一短距离，然后开锁。毛瑟后来还发明了可连发射击的全自动手枪。1900年，著名的枪械设计师约翰·摩西·勃朗宁曾根据博查德的发明设计了多种性能优良的手枪，其中某些类型的勃朗宁手枪至今仍在许多国家的军队中装备使用。

钢笔手枪

隐身手枪

隐身手枪又称间谍手枪，是一种以日常用品形状伪装外形的手枪。其主要特征是口径小、重量轻、响声微弱，能随身携带而不易被察觉。常作为近距离内秘密使用的射击工具。主要有钢笔手枪、手套手枪、手杖手枪、提包手枪、雨伞手枪、烟盒手枪和打火机手枪等。

声呐

声呐是利用声波在水下的传播特性，通过电声转换装置和信号处理，完成水下目标探测和通讯任务的设备。如今，无论在海面、水下，还是在地上、空中，都布置着各种反潜兵力，他们在三维空间共同构成了立体反潜体系。作为反潜战尤其是水面舰艇的"水下耳目"的声呐，目前仍旧是探测潜艇的最为有效的工具。

这是英国"鸬鹚"式吊放声呐。该声呐主要装备舰载反潜直升机。其特点是体积小，重量轻，灵敏度高。

水下的耳目——声呐的发明

声呐诞生于第二次世界大战期间。早在1490年，意大利的画家科学家达·芬奇就注意到了声音能在水中的传播。他把一根管子放到水中，结果听到了远方的船航行时螺旋桨击水发出的声响。这可以说是最初的原始声呐。三个多世纪后，瑞士物理学家柯拉顿和德国数学家斯特模对声音在水中的传播进行了深入的探讨。在这以后，许多科学家也进行了这方面的研究。1880年，英国科学家彼埃尔·居里等成功地制造出换能器，实现了电、声信号的转换。通过换能器，可将电波变成声波，并向海里发射；声波遇到物体后，又反射回来，换能器接收到声波，并把它变成电波显示出来。根据超声波从发出到接收所需的时间，就可以测出发射地点与物体之间的距离。就这样，世界上第一代声呐诞生了。

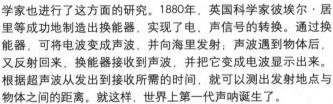

科学家从海豚"声呐"获得灵感，制造出了新型的应用于军事用途的声呐。

声呐的工作原理

声呐的工作原理是回声探测法。声呐按其工作方式分为被动式声呐（或称噪声呐）和主动式声呐。现在研制的声呐兼有以上两种声呐的特点。以被动式声呐为例：当水中或水面目标运动时，会产生机械振动和噪声，并通过海水介质传播到声呐换能器，换能器将声波转换为电信号后传给接受机，经放大处理传送到显示控制台进行显示和提供测听定向。被动式声呐隐蔽性好，识别目标能力强，但不能侦察静止目标。主动式声呐可解决这一问题，但主动式声呐易暴露自己且探测距离短。

武装直升机上可装载声呐应用于现代战争中。

声呐的应用

按照搜索方式，声呐可以分为：多波束声呐、三维声呐、扫描声呐、旁视声呐等。按装备对象可分为水面舰艇声呐、潜艇声呐、海岸固定声呐、固定翼机声呐和直升机机载声呐等。声呐技术在现代战争中发挥着巨大的作用，随着声传播理论以及其他理论的发展，声呐技术必将增加更多的智能化、更强的探测性，在海底发挥着"海底望远镜"的重要功能。

潜艇上都装备着声呐，即使在深海也能探测前方的情况。

水雷

　　水雷是一种在水中爆炸的武器，由舰船或飞机布设在水中，能炸毁敌方舰艇或阻碍其行动，也可破坏桥梁和水中建筑物。水雷具有隐蔽性好、威胁时间长、布设简便、扫除困难、用途广、造价低等特点。在现代海战中，水雷是不可缺少的武器。

水雷是一种杀伤力和威力极大的武器，主要布设在水中。

水下攻击手——水雷的由来

　　水雷最早出现在中国明代。在当时抗击倭寇的海战中，中国抗倭将士们使用了一种能漂在海面或沉在海中，既可定时爆炸又可触发引爆的武器，重创了敌人的战船，这就是世界上最早使用的水雷。西方国家使用水雷的历史，要比中国迟200年。美国在独立战争期间第一次使用水雷，于1777年11月在特拉华河河口使用水雷反制英国海军的封锁战舰。到19世纪60年代，随着科学技术的进步和海军装备的发展，在海战中出现了一种以水雷为主要武器的水雷艇。当水雷艇驶近敌舰后，就将船艏撑杆顶端的炸药包撞到敌舰上引爆，从而重创敌舰。之后，又出现了另外一种水雷艇，用缆绳将炸药包拖在艇后，水雷艇在海战中围着敌舰绕行，使其拖带的炸药包撞击敌舰后引爆。

沉底水雷

锚-4水雷

水雷的种类

　　水雷的种类很多。按水中状态区分，有锚雷、沉底雷和漂雷。按引信类型区分，有触发水雷、非触发水雷和控制水雷。按装药量区分，有大型水雷、中型水雷和小型水雷。锚雷入水后，由雷锚和雷索将水雷系留在一定深度，当舰船碰撞或进入水雷作用场时，即引起爆炸；沉底雷通常由雷体和仪器舱组成，沉底雷的装药量较大，入水后便沉入海底处于战斗状态，当舰船驶近水雷时，由于舰船的磁场和声场的作用，引爆水雷，爆炸后产生的压力波和碎片能毁伤舰船；漂雷可在水面或水中一定深度上呈漂浮状态。此外，还有一种控制水雷，也叫视发水雷，当敌方舰船驶近时，由岸上人员或舰船、飞机通过有线或无线遥控引爆。

自动跟踪水雷

　　现代水雷中装填了高性能炸药，改进了雷体结构，扩大了使用水域，并且采用新型电子元器件，提高了区分目标、抗扫和抗干扰的逻辑鉴别功能，改进了利用磁场、声场和水压场的引信功能，出现了装有动力装置的自动跟踪水雷。它是自导鱼雷和水雷的结合体，又称捕手水雷。它兼有水雷的长期威胁作用和鱼雷的主动攻击能力，主要用于攻击潜艇。自动跟踪水雷由雷体、雷锚和识别控制系统等组成。雷体是一个密闭容器，装有一条自导鱼雷，布设入水后，由雷锚将其系留在一定深度，以锚雷的形式潜伏于深水中。当目标进入其作用范围时，雷体上的识别装置能自动进行判别，确认是攻击目标后，雷体盖打开，鱼雷发动机启动，从雷体内射出，在自导装置控制下自动跟踪攻击目标直至毁伤目标。

水雷能够对海面行驶的舰艇造成巨大的破坏。

潜艇

　　潜艇，又叫潜水艇，是主要在水面下进行战斗活动的军舰。以鱼雷或导弹等袭击敌人舰船和岸上目标，并担负战役侦察。潜艇之所以能够发展到今天，是因为它具有隐蔽性好、突击力强、续航力大和自给力强，并能远离基地独立作战等突出特点。

潜艇是在水下航行和作战的舰艇，是海军的主要舰种之一。

潜艇的发明

　　17世纪初，居住在英国的荷兰物理学家科尼利斯·德雷布尔制造出了能在水中任意沉浮并能划行的小艇。1620年，德雷布尔举行了一次展览，向人们展示了他的发明。经过多次航行实验，证实了其在水下航行的可能性。19世纪末，各国发明家开始纷纷研制机械动力潜艇，其中最具代表性的是美国的约翰·霍兰。他于1875年研制成功了第一艘机

"海龟号"潜艇是美国人布什内尔设计发明的。

械动力潜艇。同年5月，约翰·霍兰又研制成功了一艘被后人称为"霍兰艇"的潜艇。这艘在水面航行时采用汽油发动机推进的潜艇在水下航行时使用电动机，为电动机提供动力的蓄电池一旦用完，汽油发动机在潜艇浮出水面时可为蓄电池充电。这种水面动力和水下动力的巧妙结合成了现代潜艇动力装置的一种模式，此外，"霍兰艇"上首次装备了当时海军的最新武器——"白头"鱼雷，从而使潜艇具备了击沉水面舰艇的能力。"霍兰艇"的出现，标志着现代潜艇的诞生。

潜艇的种类

　　在目前，世界各国海军中，潜艇部队是一支十分重要的现役作战力量。现代潜艇按作战使命可分为战略导弹潜艇、攻击潜艇和特种潜艇；按动力类型分为核动力潜艇和常规动力潜艇；按排水量可分为大型潜艇(2000吨以上)、中型潜艇(600～2000吨)、小型潜艇(100～600吨)和袖珍潜艇(100吨以下)。

潜艇的结构

　　现代潜艇的艇体是由耐压结构和轻型结构两部分组成。耐压结构包括耐压艇体、耐压指挥台以及耐压液舱等，是保证潜艇在安全深度之内能够从事水下活动的基本结构。轻型结构包括潜艇的指挥台围壳、上层建筑以及一些液舱等。潜艇的动力系统有柴油机、电动机和核反应堆几种类型。潜艇的探测系统主要包括声呐和潜望镜。其中声呐是潜艇上最重要的探测设备，声呐是通过音响信号探测和追踪目标的系统。潜望镜是潜艇内部对水上进行潜望的望远镜式设备，担负着潜艇对水下与天空警戒、定位和导航的任务。

螺旋桨　电动机　休息舱

潜望镜和通讯天线　指挥塔　电解装置(将水分解成氧气和氢气)

潜艇的结构

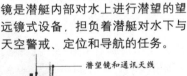

核潜艇利用核反应堆内核裂变产生的巨大能量带动发动机推动潜艇前进。

坦克

坦克是一种具有强大直射火力、高度越野机动性和超强装甲防护力的履带式装甲战斗车辆。它可同敌人的坦克和其他装甲车辆作战，也可以压制、消灭反坦克武器，摧毁野战工事，歼灭有生力量，因此成为地面作战的主要突击武器和装甲兵的重要装备。

坦克是地面作战的重要突击武器。

马克1型坦克是第一次投入实战的坦克。

"陆地之王"——坦克的发明

1915年，一辆被命名为"小游民"的"陆地巡洋舰"终于诞生了，它的发明者是英国军事记者斯文顿。斯文顿最后给那辆战车定名为"坦克"。1916年，世界上第一支坦克部队在英国组建，这支部队的指挥人便是坦克的发明人——斯文顿。坦克是20世纪初重大军事发明之一。这个钢铁奇兵在20世纪的战场上立下显赫战功，被人们称为"陆战之王"。

坦克的结构

坦克通常由武器系统、推进系统、防护系统、通信系统等部分组成。驾驶室位于坦克前部。战斗部分位于坦克中部，有炮塔，炮塔上装有高射机枪，塔身上1门火炮。坦克乘员多为4人，包括车长、驾驶员、炮手和装弹手。现代主战坦克采用自动装弹机，没有装弹手。

坦克的结构图

观测仪器　主炮炮弹　装弹手　引擎

车长

驾驶员

炮手　履带　机关枪　主炮　驱动链齿

坦克的种类

坦克按战斗全重和火炮口径的大小可分为轻型、中型和重型三种。轻型坦克主要用于战场警戒、目标侦察或其他特殊任务。中型坦克用于执行装甲兵的主要作战任务。重型坦克用于支持中型坦克的战斗。现在，各国将坦克按用途分为主战坦克和特种坦克。主战坦克是现代装甲兵的主要战斗兵器，用于完成多种作战任务，现在已取代了传统的中型坦克和重型坦克。特种坦克是装有各种特殊设备、担负专门任务的坦克，如侦察、空降、水陆两用坦克等。

坦克的基本性能

坦克全身披着很厚的钢甲，厚度有几十至几百毫米，一般枪弹无法穿透。坦克一般行驶速度为每小时60千米，最远行程650余千米，最大爬坡约30°，可越宽3米的壕沟，过高1.2米垂直墙，涉水深1.5米，还可潜水5米深。坦克火力强大，除装有1门火炮外，还有高射机枪、并列机枪和航向机枪，携带炮弹40～60发。

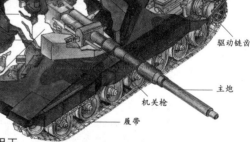

中型坦克

航空母舰

航空母舰是一种载有各种作战飞机并提供海上起降活动基地的大型军舰，它攻防兼备，作战能力强，能执行多种战役战术任务，极具威慑力，因而倍受世界各国海军的器重。现代航空母舰及舰载机已成为高科技密集的军事系统工程。不少专家认为，航空母舰已成为一个国家军事、工业、科技水平与综合国力的象征。

行驶在海上的航空母舰就像是移动的军事基地。

海上的霸主——航空母舰

航空母舰的问世

1909年，法国著名发明家克雷曼·阿德在《军事飞行》一书中，第一次描述了飞机与军舰结合的梦想。阿德提出了航空母舰的基本概念和建造航空母舰的初步设想，第一次提出了"航空母舰"这一概念。1916年，英国的战舰设计师提出了研制可在军舰上起降飞机的航空母舰的问题，并建议把陆基飞机直接用到航空母舰上去。此后，英国的舰船设计师们对战舰的结构进行了重大修改，研制成功世界上第一艘全通甲板的航母——"百眼巨人号"。"百眼巨人号"具备了现代航空母舰所具有的最基本的特征和形状。它的诞生，标志着世界海上力量发生了从制海权到制海与制空相结合的一次革命性变化。

航空母舰的装备

航空母舰上一般搭载有战斗机、攻击机、反潜机、预警机、侦察机、电子干扰机、加油机及直升机等多种飞行器。为了对付各种威胁，有的航空母舰上还分别装备各种导弹及水中兵器等。与陆地机场相比，现代航空母舰上的飞行甲板仍显得十分窄短。为了解决飞机的起降问题而专门设有斜角甲板、升降机、弹射器、助降装置、拦阻索五大"法宝"。由于航空母舰往往担负着战区的任务，这就要求航空母舰能够在海上长时间航行。核动力航空母舰续航力高达40万～100万海里，而常规动力航空母舰续航力一般在1万海里左右。航空母舰由于目标大，较易遭敌方攻击，因此通常总在巡洋舰、驱逐舰、护卫舰和攻击潜艇等舰艇的护卫下组成航空母舰编队共同行动。

航空母舰上的舰载机联队一般都有数架战斗机、攻击机和电子战机。

航母上的舰载机拦阻装置的应用

为了保障飞机能安全降落，航空母舰上均有舰载机拦阻装置。舰载机拦阻装置是航空母舰上吸收着舰飞机的前冲能量，以缩短其滑行距离的装置，由拦阻索、拦阻网及其拦阻机、缓冲器、控制系统等构成。拦阻索用于飞机正常着舰，是用钢索横拦于斜角飞行甲板上，与着舰方向垂直，每隔10余米设一道，共设4～6道。飞机接近母舰时，放下尾钩，钩住任何一道拦阻索，在飞机惯力作用下拦阻索被拖出，飞机逐渐减速，滑行50～95米后刹车停住。应急着舰时使用拦阻网。当飞机尾钩损坏或因故障放不下，又不能复飞时，则需临时架设拦阻网将飞机阻拦在甲板上。

拦阻装置能有效保护飞机的安全降落。

航空母舰的种类

航空母舰的分类方法有多种：按照排水量可分为大型航空母舰、中型航空母舰和小型航空母舰；按战斗使命分为攻击航空母舰、反潜航空母舰、护航航空母舰和多用途航空母舰；按动力可分为核动力航空母舰和常规动力航空母舰。

航空母舰的构造

舰桥

E2"鹰眼"预警机

停机和起飞区

水兵舱

救生舱

俄罗斯"基辅号"航空母舰模型。这种航空母舰具有较强的反潜能力。

航空母舰的作用

航空母舰作战包括陆、海（在海上还可分水上和水下）、空三个层次。在现代战争中，它的作用概括起来主要有如下几个方面：夺取制海权和制空权；袭击岸上目标（包括战略目标），主要是攻击沿海和内陆的城市、交通要道和枢纽、军事设施；消灭敌潜艇和水面舰艇，而搜索和消灭敌弹道导弹核潜艇，则是一项极其重要的作战任务；支援登陆作战和地面作战；封锁海峡、基地和港口；保护自己的海上交通线。保护己方弹道导弹核潜艇，也是航空母舰的重要任务。

寿命最短的航空母舰

第二次世界大战是航空母舰发展和运用的全盛时期。当时，交战双方中最大的一艘航空母舰是日本海军的超级战舰"信浓号"。1942年6月，由于日本海军在中途岛海战大败，航空母舰损失惨重，为解燃眉之急，"信浓号"由战舰改装成为航空母舰。该舰长266.58米，宽36.3米，满载排水量为7.2万吨。其动力为蒸汽轮机，航速27节。这艘航空母舰火力强悍，装备精良。然而，这艘航空母舰命运不济，它在处女航中便遭到了美国潜艇"射水鱼号"偷袭，被击沉了。"信浓号"从服役到沉没，只有短短的20天，成为海战史上最短命的航空母舰。

雷达

雷达是利用极短的无线电波进行探测的装置。无线电波传播时遇到障碍物就能反射回来，雷达就根据这个原理，把无线电波发射出去再用接收装置接收反射回来的无线电波，这样就可以测定目标的方向、距离、大小等，接收的电波反映在指示器上可以得到探测目标的影像。

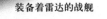

装备着雷达的战舰

雷达的发明

1919年，英国科学家沃森·瓦特发明了第一个雷达装置。瓦特从声音传播的回声中得到启示，他认为电磁波传送出去以后，遇到障碍必定有反射回来的可能性，如果发明一种既能够发射电磁波，又能够接受反射波的装置，就可以在很远的距离上探测到飞机的行动。1935年，他研制成功新式飞机探测雷达装置GH系统。1938年，GH系统正式投入使用，部署在英国的泰晤士河口附近。这个系统对飞机的探测距离达250千米。到1939年为止，一些国家秘密发展起来的雷达技术已达到了完全实用的阶段。这项发明在二战中显示出了它的巨大作用，雷达从此成为远距离军事探测的重要装备。

远程气象雷达

雷达的应用

雷达的优点是白天黑夜均能探测远距离的目标，且不受雾、云和雨的阻挡，具有全天候、全天时的特点。并有一定的穿透能力。因此，它成为军事上必不可少的电子装备。现在，雷达广泛应用于社会经济发展（如气象预报、民航管制、资源探测、航海、环境监测等）和科学研究（天体研究、大气物理、电离层结构研究等）。面对日益拥挤的天空，拥有精密的雷达监控系统至关重要。

雷达的种类

雷达的种类繁多，分类的方法也非常复杂。作为武器系统的重要装备，有：远程预警雷达、警戒雷达、导航雷达、炮瞄雷达、导弹制导雷达、机载截击雷达、火控雷达、侦察雷达、敌我识别雷达等等；根据其技术特征可分为：波束扫描雷达、单脉冲雷达、相控阵雷达、连续波雷达、脉冲多普勒雷达、电控相扫描雷达、超视距雷达、坐标雷达、测高雷达、测速雷达、多基地雷达、被动式多基地雷达等等；民事用途的雷达有：无线电测高雷达、气象雷达、航管雷达、引导雷达等等。

这是搜索、监视空中或海上目标的预警机。它的机身上装有雷达和电子侦察设备。

导弹

导弹是一种可以依靠自身的动力装置和制导装置、自动控制飞行路线并导向目标的武器。导弹诞生至今只有60多年的历史，但发展迅猛，已有数代导弹问世，先进程序日新月异。导弹是现代战争与未来战场的主角，谁拥有先进高端的导弹，谁就将掌握战争的主动与优势。因此，各国以研制、装备导弹作为增强军队战斗力的重要手段。

导弹是现代战争中使用的主要武器。

"飞毛腿"导弹

导弹准确攻击目标的科学原理

精确制导技术是现代高尖端技术，其主要是利用无线电波、光波(红外、激光)探测器探测目标在电磁频谱上的能量辐射与反射特性，将所获得的目标信息转换、处理与传输，得出制导指令，对目标进行精密跟踪直到准确命中。采用精确制导技术的武器系统就叫精确制导武器，导弹便是一种精确制导武器。

雷达利用无线电波道捕到目标后立即发射导弹，导弹根据雷达的引导飞向目标将其击毁。

战争之矛——导弹的发明

1942年，德国火箭专家冯·布劳恩发明了一种新式武器——导弹。1934年，布劳恩从柏林大学获得物理学博士学位后就开始从事火箭的研究工作，并使火箭的升空高度有了较大的提高。1942年初，布劳恩研制出带有自动控制设备的新式武器"V-2"导弹。同年10月，"V-2"导弹进行第一次试飞。导弹在离预定目标4千米处爆炸，试验获得了成功。导弹的发明，使现代战争成为导弹对抗战。

弹头部

导航装置

无线电控制装置

乙醇

液态氧

过氧化氢

空气力舵

天线

燃烧室

气阀

导弹的基本结构

导弹的结构

导弹由弹头、导航装置、发动机、动力燃料等几部分组成。导弹的发动机用于为导弹飞行提供动力，它有固体火箭发动机、液体火箭发动机、冲压喷气发动机等多种类型。发动机、制导装置、战斗部和电源等一起装在弹体里。弹体常用重量轻、强度高的轻合金材料或玻璃钢等复合材料制成。此外，地面还有观察、制导设备和导弹一起组合成整套武器系统。

原子弹

原子弹是利用铀、钚等重原子核裂变所产生的原子能，瞬时释放出巨大能量对目标进行杀伤和破坏的核武器，又称裂变弹。原子弹爆炸时能产生冲击波、光辐射、贯穿辐射和放射性污染。原子弹的出现使战争形态从冷兵器时代、热兵器时代进入一个新的时代——核武器时代。由于破坏力太大，核武器使用受到许多国家反对。

美国在日本广岛投放的原子弹"小男孩"

引爆人类恐慌——原子弹的发明

1938年末，德国物理学家们证实了以高速中子撞击铀原子可以引起原子核分裂，同时释放出巨大能量。1941年12月，美国总统批准了研究原子弹的"曼哈顿计划"，全力进行美国原子弹的研制。1942年，美国科学家费米在芝加哥大学建成了世界上第一座可控原子核裂变链式反应堆。1945年3月，美国成立秘密的原子能委员会，科学家们日以继夜地进行工作，成功研制出第一颗原子弹。1945年7月6日，原子弹爆炸试验成功。8月6日，美国第一次把原子弹用于实战。日本广岛和长崎被夷为平地，45万多人伤亡。核武器的巨大威力，多种杀伤破坏效应引起世界震惊。

蘑菇云

原子弹的工作原理

原子弹是利用易裂变的重原子核链式反应瞬间释放出的巨大能量，来达到杀伤破坏的目的。它由引爆控制系统引爆炸药，然后推动、压缩中子反射层和核装料，使处于次临界状态的核装料瞬间达到超临界状态，再由核点火部件适时提供中子，触发链式裂变反应，形成猛烈爆炸。原子弹的爆炸威力巨大，相当于几百到几万吨TNT炸药的力量。

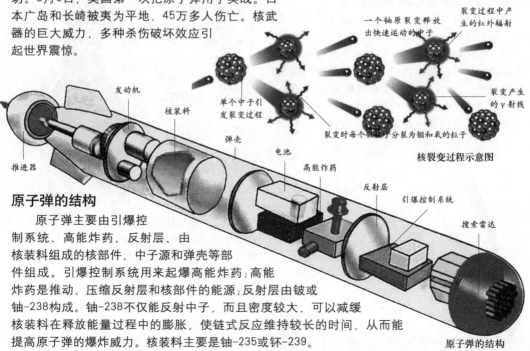

一个铀原子裂变释放出快速运动的中子

裂变过程中产生的红外辐射

裂变产生的 γ 射线

单个中子引发裂变过程

裂变时每个铀核子分裂为钡和氪的粒子

核裂变过程示意图

发动机

核装料

弹壳

电池

高能炸药

反射层

引爆控制系统

搜索雷达

推进器

原子弹的结构

原子弹主要由引爆控制系统、高能炸药、反射层、由核装料组成的核部件、中子源和弹壳等部件组成。引爆控制系统用来起爆高能炸药；高能炸药是推动、压缩反射层和核部件的能源；反射层由铍或铀-238构成。铀-238不仅能反射中子，而且密度较大，可以减缓核装料在释放能量过程中的膨胀，使链式反应维持较长的时间，从而能提高原子弹的爆炸威力。核装料主要是铀-235或钚-239。

原子弹的结构

第七章 生活应用

Part 7

Daily Life

　　生活是发明创造的源泉，生活中的一点一滴总是能激起人们创造的灵感。人们为了能够更直接地交流，发明了文字，现在，文字依然是人与人之间交流的重要工具。酒的发明，让人们在享受美味佳酿的同时，渐渐品出了酒中的底蕴，使酒也成为了一种文化。在人们感觉到了时间的变化后，就有了钟表，它让人们有了时间的概念，能够清楚地度过每一分每一秒。锁的发明，则让人们的生活多了一份安全感。这些发明使我们的生活更加舒适、便利，使人类社会不断发展！

文字

文字是人类将思想、语言等记录下来的一种符号。当我们与别人交流时，语言会随着时间的流逝而被遗忘，但若有文字的记载，信息就可以保存很久。作为传承文明的一种重要手段，文字早在5000多年前就已经出现，通过遗留下来的文字，我们可以了解数千年前人类的语言、思想和经历。通过文字，我们的想法和经历也会世世代代流传下去。

在这块泥版上，表示树、谷物袋以及农具的象形文字，十分容易理解。

楔形文字
公元前3000多年开始使用，是古代美索不达米亚（现伊拉克地区）的文字。当时用芦苇写在黏土板上。

甲骨文
公元前1400年左右开始使用，是中国最早的文字，刻在龟甲和兽骨上。

古埃及文字
公元前3000年左右开始使用，是现代罗马文字的起源。

美索不达米亚文明
黄河文明
埃及文明
印度文明
玛雅文明

印度文字
公元前2500年左右印度使用的文字。现在已无法解读。

世界各地的文字

玛雅文字
玛雅人于公元前使用的绘画文字。它刻在神殿的石头上。

文字的起源

在原始社会，人们将发现猎物的所在地、祈祷的记号等，用图画表现出来留给其他的人，后来就渐渐地发展成文字。五千多年前的文字，是用图画连贯起来的绘画文字，因为每一字都必须画个图案，相当麻烦，所以逐渐被省略，最终演变成为今天的文字。

楔形文字和象形文字

五千多年前，美索不达米亚的苏美尔人创造出了最早的文字——楔形文字。这种文字是用硬笔在软泥板上压刻出来的，它得名于用特殊的书写方法形成的一头粗、一头细的形状，像楔子或钉子的笔画。大约公元前3000年，象形文字开始出现。象形文字是一种以图像表达意思的文字，有别于我们现在常用的文字。在各种象形文字中，埃及人发明的文字最为著名，不过还有其他民族也使用象形文字。

古代埃及人用称为象形文字的符号来书写。记号常常是简化的图像，如波纹线代表水。

中国文字的起源

中国文字又称为汉字。传说距今5000年前，有个叫仓颉的人，他看了鸟、兽的足迹之后，想出了中国文字的写法。但是，现在我们所了解的最古老的中国文字，是3100～3400年前的甲骨文。在中国安阳小屯发现了约十五万片甲骨卜辞，在龟甲与牛胛骨上刻的文字相当完好地保存了下来，总字数达到3500个左右。从甲骨文字结构来说，除了象形以外，形声、会意、假借等比较进步的造字方法已普遍被应用。可见在三千多年前的商代，文字已发展到相当完备的程度。

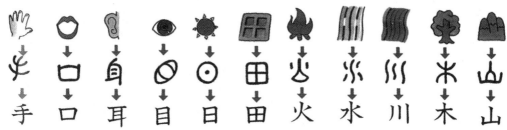

汉字的演变历程

腓尼基字母

腓尼基人在公元前15世纪创造了字母表。他们借助埃及的象形文字图案，简化了苏美尔人的楔形文字，以牺牲旧有字的优美外形为代价，追求书写的速度和效率，将数千个不同的文字图案简化成短小而方便的22个字母。这就是腓尼基字母。腓尼基字母后来传入希腊，产生了希腊字母，成为欧洲各种字母的共同来源。

居住在叙利亚沿岸的腓尼基人，发明了一套全是辅音并且仅有22个符号的字母文字，这是迄今为止最早的字母文字。

触摸文字——盲人发明的盲文

19世纪时，法国有个盲人叫布拉耶。有一天他听人说，报纸上介绍，有个炮兵军官查理·巴比埃，创造了一种为夜间作战进行联系的"夜间文字"。由此他受到启发，经过几十年的刻苦研究，终于在1829年宣布他创造了盲人也能读的"文字"。这些"文字"是由金属或纸上突起的点组成的，又被称作"点字"，不同图案的点代表不同的字母和数字。人们通过指尖触摸这些特殊的点来阅读，但当时未被有关当局采用。直到他逝世后的1887年，国际上才正式承认布拉耶创造的盲字，并定为国际通用盲文。

文字对发展文化的作用

文字和文化的发展是相互影响的。在有文字的社会里，文化的发展才有可能会比较迅速，而没有文字的社会里，文化发展必然是迟缓的。在文字创造出来以前，知识只在少数人的狭小范围内传播，传播的唯一的方式就是"口耳相传"。这种方式虽然也可以把知识继承下来，但也往往使许多知识失传而不能流传下去。文字创造出来以后，它帮助人类战胜了时间和空间的限制，使知识成为人类社会的大宝库，逐渐积累起来，形成了丰富的文化遗产。文字的使用对社会积累文化和发展文化起着一种巨大的推动作用，它不但是文化的积累和交流的重要工具，而且也是发展文化的重要工具。

这是一幅制作于7世纪的中国丝绣品，上面记载着一些佛教戒律。这些文字既包含意义内容，又是一种装饰。

酒

酒是一种用粮食、水果等含淀粉或糖的物质经过发酵制成的含乙醇的饮料。酒精是其主要成分，除此之外，还有水和众多的化学物质。这些化学物质可分为酸、酯、醛、醇等类型。

图为古埃及人酿酒的情形。他们在葡萄上踩来踩去，将踩出的葡萄汁用来酿酒。

酿酒的起源

大约旧石器时代后期，人类在劳动过程中注意到野果和蜜中含有发酵性的糖分，一旦接触了空气中的霉菌和酵母，这些糖分就会发酵成酒。于是人类开始有目的地将野果采摘并贮存起来，让其在适宜条件下自然发酵成酒，这可以说是最原始的，也是最早的酿酒行为了。大约在原始社会的末期，人类进入农业社会后，开始贮存谷物。后来，人们发现谷物受潮容易发芽霉变，遇水后也能发酵成酒。人类在品尝后，认为酒的味道很好，于是就有目的地利用谷物来酿酒，这样，谷物酿酒应运而生了。

葡萄酒的历史渊源

葡萄酒大约起源于波斯，那时的埃及人、希腊人和罗马人都比较喜欢香味浓郁而且酒精度较高的葡萄酒，喝的时候通常添加很多香料之后再加水稀释。葡萄酒从诞生起一直在很多重要场合中扮演不可或缺的角色。例如宗教仪式中，人们通常都用葡萄酒去定住心神或净化身心，甚至治伤疗病。由于葡萄酒本身的魅力及其蕴含的宗教色彩，使它成为传播最广的国际通商产品，而地域年份和酿造技术又使其身价倍增，并且获得"生命之水"的美誉。

精心酿制的葡萄酒

啤酒的发明

啤酒是以麦芽为主要原料，添加酒花，经酵母发酵酿制而成的，是一种含二氧化碳、起泡、低酒精度的饮料酒。啤酒的历史很悠久，它贯穿了社会文明的每一个阶段。最原始的啤酒可能出自居住于两河流域的苏美尔人之手。古苏美尔人记载下了他们烘焙面包，并且把面包屑放到水中制成饮料的方法，这就是人类保存下来的有文字记载的最早的啤酒制作方法。距今至少已有九千多年的历史。1837年，在丹麦的哥本哈根城里，诞生了世界上第一个工业化生产瓶装啤酒的工厂，其啤酒酿造技术至今仍居世界前列。

清凉的啤酒是人们夏天最爱的饮品。

饮酒与健康

适度饮酒对人体健康无害，只有过量饮酒才会对人体健康带来危害。正常人的血液中含有0.003%的酒精。血液中酒精浓度的致死剂量是0.7%。如长期过量饮酒，则引起慢性酒精中毒，这样对人体器官有很大的损害，甚至会使致癌物质乘虚而入，较易患口腔、咽喉、食道等癌症。患有肝病、胃病和十二指肠溃疡的病人，糖尿病人，以及孕妇、小孩则不宜饮酒，过重的心脏病、高血压患者也应避免饮酒，因为过量饮酒往往会造成猝死。

速溶咖啡

咖啡是用烤过和磨碎的咖啡豆加沸水制成的有浓郁香味的饮料。因生长的地域不同，咖啡分为很多种，每种咖啡都具有不同的味道和香味。现在，咖啡已经成为人们的生活中不可或缺的饮料，而方便快捷的速溶咖啡更是受到现代人的喜爱。

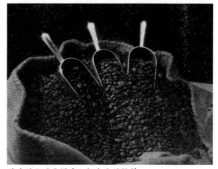
醇香的咖啡是深受人们喜爱的饮料。

速溶咖啡的发明

早些时候，要想烧出一壶可口的咖啡是需要许多工夫的。咖啡豆必须磨成细粉，还要用过滤器把咖啡渣留在杯外。许多发明家都在寻找一种省事的制作咖啡的办法。1901年，旅居芝加哥的美籍日本人佳藤悟里发明了速溶咖啡。1938年，雀巢公司第一次将速溶咖啡推向市场，至今，速溶咖啡的口味和品种已经经历了很多次改进和变革，所以今天我们完全可以用速溶咖啡冲调出一杯香浓可口的咖啡。

速溶咖啡的发明使喝咖啡不在是件麻烦的事情。

精致的煮咖啡器具

咖啡中的咖啡因

咖啡因是咖啡所有成分中最为人注目的。它属于植物黄质（动物肌肉成分）的一种，性质和可可内含的可可碱，绿茶内含的茶碱相同，烘焙后减少的百分比极微小。咖啡因的作用极为广泛，它会影响人体脑部、心脏、血管、胃肠、肌肉及肾脏等各部位。适量的咖啡因会刺激大脑皮层，促进感觉判断、记忆、感情活动，让心肌机能变得较活跃，血管扩张血液循环增强，并提高新陈代谢机能。咖啡因也可减轻肌肉疲劳，促进消化液分泌、利尿。咖啡因不会像其他麻醉性、兴奋性药物一样堆积在体内，约在两个小时左右，便会被排泄掉。咖啡风味中的最大特色——苦味，就是咖啡因所造成的。

速溶咖啡的制作

与其他咖啡产品一样，速溶咖啡也是从咖啡豆生产出来的。第一道程序需要浓缩咖啡，将咖啡豆中的水分提取出来，可以用热的所谓"射线干燥法"，也可以用冷冻的方法进行浓缩，生产出可以溶解的咖啡粉或者咖啡颗粒。在整个脱水过程中，可能会失去咖啡精华，但在后来的生产加工过程中，这些精华可以再次回到产品中去。

咖啡根据产地不同有许多种类。

钟表

　　钟表是用来显示时间的仪器。钟通常有支柱使它可以站立或悬挂，表则戴在手腕上。人们用钟表来计算时间。有时针和分针的机械钟表直到17世纪时才出现，但人们早在几千年前就已懂得使用计算时间的计时器了。

需要用发条上动力的钟

让时间留下足迹——钟表的发明

　　人类大约在公元前3500年时就已懂得用木棒投影来计算时间了。随着太阳在空中移动，木棒的影子也因此有不同的长度和方向。早在公元前1400年左右，古埃及人就发明了能计时的水钟，但这不能算是真正的计时工具。在中国汉代时，当时的科学家张衡结合天文观测的实践发明了天文钟，这是已知的世界上最古老的钟。那时的天文钟已经能比较准确地计算出时间。

设计精美的钟表

高贵的怀表

　　100多年前，钟表的价格还十分昂贵，尤其是小巧的怀表，更是地位和财富的象征。1783年，法国著名钟表匠布尔盖为法国皇帝路易十六的皇后玛丽·安托涅制作了一块独一无二的怀表。这块怀表的动力是白金重锤的自动上条机械，并且有显示发条转数的记号；表的轴承是用蓝宝石做的，表盘是用水晶制作的，里边的机件许多都是用黄金或特制钢制成。它可以作秒表用，还带有万年历和金属温度计等功能。此外，那个时期还出现了各式各样的怀表：有星形的、蝶形的、书形的、心形的、百合花形的、十字架形的，甚至还有骷髅形的。怀表不但是计时工具，还成了时尚的装饰品，常绘有精致的图画，涂着珐琅，镶着宝石，配有金链。把这样的怀表藏在口袋里，主人是不甘心的。为了显示自己，当时的人往往把怀表戴在脖子上，或挂在胸前，甚至有人则把几块表同时挂在外衣上。

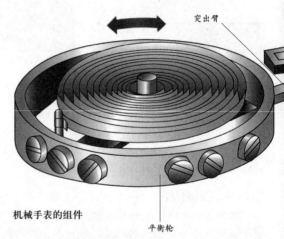

突出臂

机械手表的组件

平衡轮

17世纪中期制作的怀表

现代的钟表

19世纪时，首次出现以电力驱动的钟。到了1918年，钟还可利用电源传来的信号计时。今天，很多钟表都利用石英晶体内的自然震动（每秒10万次）来计时，并用电池推动。有些很小的表，还可以设计制作得像部小电脑，在内部设置闹钟和秒表，及其他一些先进的附加功能，时间则以电子显示器用数字来显示。

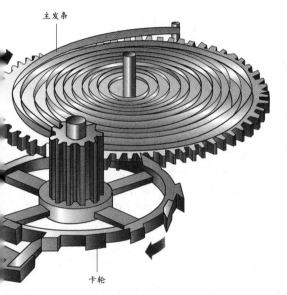

主发条

卡轮

新型的光动能手表

光动能就是可以使用任何环境的光源，通过太阳能晶片和充电器，把光源转化为能源，使物体即使在微光下依然能够运作正常。这个设想今天已经实现，科学家运用先进科技，制作了可以利用自然和人工光源运作的光动能手表。光动能手表的关键在于其后备电池，它可以储存由表盘太阳能晶体片发出的电力，将其转为能源，推动手表运转。不同型号的光动能手表，可以储存2～6个月不等的电力。光动能手表不但易于使用，而且功能齐备，除了一些基本功能外，还有多重指针、警号报时等特殊功能。此外，光动能手表不用更换电池，因此能够减少环境污染，有助于环保。

精巧方便的石英表

所谓石英表，就是以石英振动器取代机械表中的摆轮，利用其正确的高速摆动来计时的手表。石英表又可以分为指针式及数字式。指针式石英表是将石英振动器正确的高速摆动作电力分周，再进一步通过马达驱动一系列的齿轮，而后带动时、分、秒针，作精确的时间显示。数字式石英表则是将石英脉动通过电子回路，直接在液晶显示器上以数字显示时间，也就是说数字式石英表是完全没有机械性传动的全电子化石英表。

拥有许多新型功能的手表

不宜带夜光表睡觉

把夜光手表戴在手腕上睡觉，会给身体带来不利影响。这是因为夜光表的指针和刻度盘上涂的发光材料，主要是镭和硫化锌的混合物，镭放出的射线能激发硫化锌晶体发光。睡觉时，如果戴着表，人体就会受到8～9小时的镭辐射，对人体有一定危害。因此，睡觉前，最好把夜光表取下来，放到其他地方。

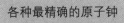

设计古朴的钟表

各种最精确的原子钟

原子钟可以精确到每走1000年误差只有0.001秒。

美国制造的NIST-7原子钟是世界上最精确的时钟。

国际空间站的原子钟要比地球上的原子钟精确几百倍，这是因为它不受地球引力的影响。

肥皂

肥皂是洗涤去污用的日用化学制品。一般洗涤用的肥皂用油脂和氢氧化钠制成。肥皂虽然是一种很平常的家庭用品，但是人们的生活却离不开它。它对洁净人们的生活环境起着重要作用。

形状精美的香皂

神通广大的清洁夫——肥皂的发明

肥皂是由尼罗河谷的埃及人最先发明的。公元前1000年左右，古埃及人已开始用油脂和草木灰煮制肥皂了。约公元前600年，腓尼基海员学会了古埃及人制造肥皂的技术，并把这项技术带到地中海沿岸。1世纪时，最优质的肥皂是将山羊脂肪和焚烧毛榉木材得来的灰末混合而制成的。18世纪末，人们发明了由食盐制成的碱取代木灰，用橄榄油、棕榈油、麻油等植物油代替动物脂肪制造肥皂的方法，清洁效果非常好。

肥皂的制造过程

各种用来洗涤物品的肥皂都是在强碱中加入植物油或动物脂肪制成的。制造肥皂时需要高温和高压，这个过程能够制造出

肥皂生产出来后大部分都制作成方形。

肥皂和甘油物质。接着用浓盐溶液洗掉甘油，再把熔化了的肥皂倒进搅拌器，加入香料、防腐剂和增白剂或颜料。熔化了的肥皂冷却后便可切成合适的大小或用模子成型，从而制成肥皂成品。

肥皂的缺点

肥皂的发明虽然方便了人们的生活，但它也有很多缺点。它在稍带酸性的水中便不能发挥作用，甚至在"硬"水中也不能很好地发挥作用。硬水含有大量溶解的钙盐和镁盐，用硬水和肥皂洗涤物品时，肥皂跟钙盐和镁盐发生反应，制造出"渣滓"，会在器皿上留下环形污渍，或是在玻璃器皿上留下一层白色的薄膜，反倒弄脏了东西。

日常生活中使用的肥皂

肥皂的制造过程图

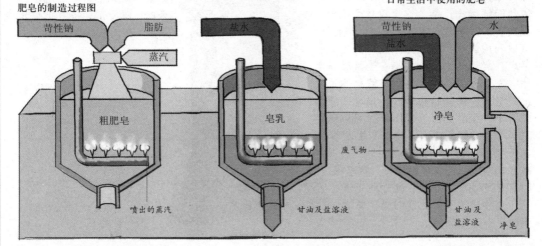

苟性钠　脂肪　蒸汽　粗肥皂　喷出的蒸汽

盐水　皂乳　甘油及盐溶液

苟性钠　水　盐水　净皂　废弃物　甘油及盐溶液　净皂

牙膏

牙膏是一种清洁牙齿时使用的膏状物，被装在金属或塑料的软管里，方便取用。牙膏问世前，人们用牙粉刷牙。牙粉是碳酸钙和肥皂粉的混合物，其功能只是保持牙齿清洁，除去污渍。牙粉PH值高，经常使用会引起口腔组织发炎。二战以后，有治疗作用的牙膏才纷纷上市，深受大众青睐。

牙膏是人们清洁口腔的好帮手。

口腔清洁的好帮手——牙膏的发明

牙膏是人们天天使用的日用品。

牙膏发明前，西方人都是用牙粉刷牙。他们先用牙刷在一个小瓷罐里蘸些牙粉，然后再放进嘴里。虽然牙粉的发明使清洁牙齿的方法进步很多，但是，美国的一位牙医华盛顿·谢菲尔德觉得这种刷牙方法不够卫生。当时，有些食物已经采用金属软管包装了，只要轻轻一挤食物就出来了。受此启发，谢菲尔德决定制造一种管装牙膏，取代原来的罐装牙粉。1892年，谢菲尔德医生牌管装牙膏一问世，便受到了人们的欢迎。

牙膏的成分

牙膏是由粉状摩擦剂、湿润剂、表面活性剂、黏合剂、香料、甜味剂及其他特殊成分构成的。摩擦剂具有洁齿的作用，最常用的有碳酸钙细粉末或磷酸氢钙细粉末等。湿润剂可保持膏体水分，防止牙膏在软管中固化变硬。表面活性剂采用的是中性洗涤剂，这种洗涤剂可以清洗口腔中的污垢。黏合剂能增加牙膏的整体黏度，起稳定膏体的作用。多数牙膏有一种微苦的味道，因此常加入少量糖精或木糖醇作甜味剂。香料加入到牙膏中会留下清香、爽快的口感，常用的有冬青油、薄荷油、留兰香油和丁香油等。为了防治口腔疾病，有的牙膏中还加入了防治龋齿的氟化合物，既能抑制口腔中残留物发酵，又使牙齿表面的珐琅质强化。

牙膏被装进软管后使用起来十分方便。

每天使用牙膏正确清洁口腔可以保护好牙齿。

牙膏的故事

古代的中国、印度和埃及人已懂得如何清洁口腔。埃及人把牛腿烧成灰，加入没药、烧过的蛋壳和浮石，然后用手指蘸上这些混合物来清洁牙齿。这可能是最早出现的牙膏。古时罗马人相信葡萄牙人的尿液可以清洁牙齿，由于不是每一个人的尿液都可以有清洁的作用，牙膏成了奢侈品，一些富有的罗马人更会从葡萄牙直接购入尿液，确保尿液是葡萄牙人的。以尿液清洁牙齿似乎不大卫生，但尿液一直是牙膏的主要成分，这可能与尿液含有阿摩尼亚有关。因为阿摩尼亚有助于洁净牙齿。17世纪，人们用盐或自制的混合物清洁牙齿。但单靠牙膏并不能清洁口腔，于是他们用木枝和碎布造成牙棒，当牙刷使用。直至18世纪中期才有公司大量生产牙膏和牙粉。经过多年的改良，现今牙膏的种类以至口味都多了不少选择，为刷牙增添了点点生趣。

锁

　　探寻锁的源头，可以知道它是与社会发展进程紧密相关的。而锁的发明，主要是为了防止他人有意或无意地侵入以及私人财物的丢失。由此可以断言，锁是伴随着私有财产的出现而出现的。

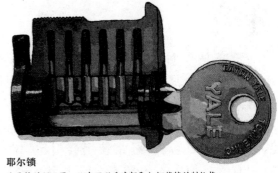

耶尔锁

这是锁的剖面图，从中可以看清钥匙如何将锁的制栓推到位，里面的锁柱又是怎样转动的。

锁的发明演进

　　四千多年前，中国人和埃及人已使用一种木制的锁来保护他们的财产。第一批安全性较高的锁于18世纪80年代由英国人巴伦和布拉默发明。圆柱形销栓锁于1865年由美国人耶尔发明，这种锁也是使用最广泛的一种锁。人们今天还在使用由这种锁改良成的转柱锁。现在，人们已经发明出用电子操作的安全性更高的电子锁。

挂锁结构示意图

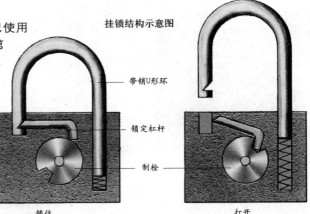

带销U形环

锁定杠杆

制栓

锁住　　　　　　　　　打开

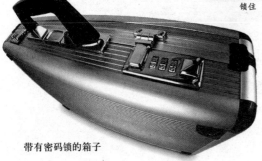

带有密码锁的箱子

各种锁的工作原理

　　锁用来防止门、抽屉以及箱子等被打开。如果把门、抽屉或箱子关上，栓柱就会从锁里滑出来，进入门框的小洞里，将东西锁起来。锁里面的销针穿过门栓落在一定的位置，防止它往后滑开。如果在钥匙洞里插进正确的钥匙，就可以举起销针将锁打开。某些锁的设计必须用磁性钥匙打开，钥匙中的磁铁可以将制栓反弹出来，使门栓打开。电子锁则是在钥匙盘上输入正确的号码或数字，即可以控制制栓的位置。

悬赏开锁

　　1784年，英国工程师约瑟夫·布拉默发明了防盗锁。布拉默对自己发明的安全锁的安全性能很有把握，曾悬赏210英镑，让人来撬他的锁。在几十年中，布拉默的锁抵御了无数次的异常开锁尝试而安然无恙。直到67年后，才有人获得了这笔赏金：美国锁匠霍布斯花了51个小时才把锁弄开，而这样长的时间对盗贼来说几乎是不可行的。

每种锁都配有专门的钥匙。

抽水马桶

　　抽水马桶是放置在卫生间里的一种卫生洁具，多用木头或搪瓷制成。抽水马桶的发明使城市的环境卫生得到了保障，净化了空气，让入厕变成了一种文明的行为。现在，对于世界上许多国家而言，抽水马桶已经是任何房屋中必不可少的基本设备，没有抽水马桶的住宅是难以想像的。

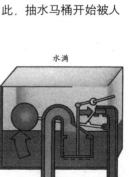

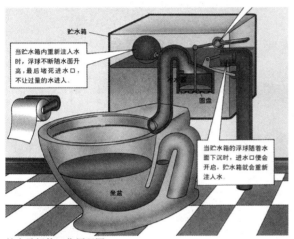

像伦敦这样的大城市，直到19世纪60年代才提供排水设施，当时，许多人第一次享受到抽水马桶带来的好处。

当贮水箱内重新注入水时，浮球不断随水面升高，最后堵死进水口，不让过量的水进入。

当贮水箱的浮球随着水面下沉时，进水口便会开启，贮水箱就会重新注入水。

抽水马桶的工作原理图

抽水马桶的水箱的工作原理

　　马桶水箱是靠浮子和杠杆来控制进水的。水箱供水是自动控制的。当水箱里的水放掉后，浮子（金属空心球或塑料空心球）就会随水面一起落下来，金属连杆（实际上是个杠杆）的另一端就会自动抬起，自来水就会源源不断流入水箱。当液面升高，浮子也随之抬起，杠杆的另一端就会向下，压住进水口的橡皮垫。由于这是一个动力臂很长、阻力臂很短的杠杆，杠杆的阻力臂端头就能产生很大的力压住进水口。另外，进水口的管口很细，橡皮垫在这个管口上就能产生很大的压强，把进水口死死地堵住。调节浮子球在杠杆动力臂的高度，还可以调节水箱的蓄水量，起到一定的节水作用。

抽水马桶的发明

　　1584～1591年间，英国教士约翰·哈林顿在流放地凯尔斯顿盖了住房。在那里，他设计出世界上第一只抽水马桶。他将马桶与储水池相连，装置在房子里。但在当时，抽水马桶没有任何排污的主管道，没有自来水，人们也没有什么钱来支付管道装设费用，所以对大多数人而言，这项发明是不切实际的。所以，当时的英国公众并没有接受这项发明。18世纪后期，英国发明家约瑟夫·布拉梅改进了抽水马桶的设计。他采用了一些构件，诸如控制水箱里水流量的三球阀，以及保证污水管的臭味不会让使用者闻到的U形弯管等。他在1778年取得了这种抽水马桶的专利权。直到19世纪后期，欧洲的城镇都已安装了自来水管道的排污系统后，大多数人才用上了抽水马桶。自此，抽水马桶开始被人们接受。

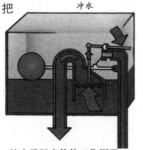 冲水

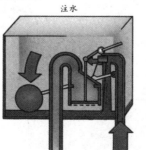 注水

 水满

抽水马桶水箱的工作原理

火柴

火柴是用细小的木条蘸上磷或硫的化合物制成的取火用的物品。现在人们常用的是安全火柴。火柴的发明为人们的生活带来了光明和温暖，并且使人们可以随心所欲地取火。学会取火是人类文明的重大进步。

火柴上使用的磷很容易燃烧。我们只需将火柴棒在火柴盒上轻轻一擦，火柴就被点燃了。

可以安全使用的火柴

新式取火法——火柴的发明

1826年，英国化学家约翰·沃克发明了能够"擦"燃的火柴。他将硫化锑与氯化钾混合成糊状物，涂抹在小木条上，制成早期火柴。他制作的火柴84根为一盒，火柴盒的一端贴有一小片砂纸，火柴头在砂纸上稍微摩擦便能点燃了。从此，火柴便在全世界得到了普及。但早期的火柴稍有摩擦就易燃烧，携带并不很安全。直到1848年，德国人才发明了人们现在经常使用的安全火柴。

礼品火柴

设计独特的长火柴

安全火柴中的化学原理

安全火柴的火柴头主要由氧化剂（$KClO_3$）、易燃物（如硫等）和黏合剂等化学成分组成。火柴盒侧面主要由红磷、三硫化二锑及黏合剂组成。当划火柴时，火柴头和火柴盒侧面摩擦发热，放出的热量使$KClO_3$分解，产生少量氧气，使红磷点火，从而引起火柴头上易燃物（如硫）燃烧。安全火柴的优点在于把红磷与氧化剂分开，若火柴头与摩擦表面没有接触，火柴就不会燃烧。这样不仅使用起来比较安全，而且所用化学物质没有毒性，不会污染环境。

火柴的美丽外衣——火花

火花，即火柴商标、火柴盒贴画的雅称，也被称为磷寸票、火柴贴纸、火柴标签、火柴画片等。火花最初仅作为火柴的商标用于火柴的流通，岁月流逝，火柴盒上的贴画已经突破了商标这一概念，其图案设计与选材也随之扩大，内容丰富，风格多样，数量繁多，包罗万象，成为火柴最美丽的外衣。

假牙

假牙是牙齿脱落或拔出后的一种人工仿牙制作品，多用瓷或塑料等制成，装在塑料托板上。牙齿的健美，不仅能增添容貌的美丽，对于促进身体健康也大有益处。因此，缺牙后一定要及时去镶补替代牙，否则缺牙处长期得不到修复，造成邻牙倾斜，影响正常的口腔功能。

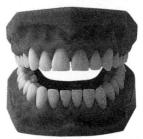

因为某些情况造成牙齿缺失，需要及时安全镶补假牙。

假牙的发明

大约在公元前700年，古代意大利北部的伊特拉斯坎人就已懂得用黄金来制作假牙。但直到18世纪，这种质地的假牙制作工艺仍然非常少见，而且制作完全适合病人的假牙相当困难。传统制作假牙的材料——象牙用不了多久就坏了，还会使口腔内发出一股讨厌的味道。为了寻找制作假牙的合适材料，牙医们试验了许多材料，如木块、兽牙、兽骨、银、珠母贝、玛瑙，甚至也曾试过用赛璐珞制作假牙，但效果都不理想。大约在19世纪，法国人设计出瓷制假牙，这种材料比过去试验过的材料都进了一步。接着又出现了将牙齿装入硬橡胶中的设想。当病人口腔的压印做出来，可以把硬橡胶皮模铸成装假牙用的相配的底板。这种方法投入实用后，人们终于能戴上舒适耐用的假牙了。

能够和病人口腔完全贴合的假牙

假牙的种类

根据治疗的方式不同，假牙可以分为三种。固定假牙：就是大家常说的牙套，又分成金属牙冠和陶瓷牙冠。它们的差别是：金属质地的较硬，耐磨，适用于后牙；陶瓷质地的较美观，但较脆，适用于前牙。活动假牙：是可以随时拿上拿下的假牙，通常使用在缺多颗牙齿的病人身上，整个假牙是靠钩子勾在其他牙齿上来当作支持，以免掉落。人工植牙：在缺牙区的齿槽骨部分，种上钛金属植体，与骨头整合，然后经过4~6个月不等的时间，在植体上面做出理想的假牙。

用优质金属制作的假牙

假牙的功用

牙齿的功能主要是咀嚼食物，使食物进入胃肠道后增加其被吸收的效果。另外排列整齐的牙齿能使人的脸部外型协调美观，还可以使发音更为清晰。因此，一旦失去了牙齿，特别是失去臼齿时，咀嚼功能将大为丧失，若失去前齿，面容及发音都会受到很大的影响，所以，一旦牙齿缺失，应及时安装假牙，恢复牙齿原有的功能。现在，假牙的制作工艺越来越精良，有的假牙外表逼真美观、坚固耐磨，色泽近似于天然牙，而且不刺激口腔组织，易清洁，既能恢复牙齿的功能，又有美容的作用。

牙医正在磨制假牙。

口香糖

　　口香糖是糖果的一种。它是用人心果树分泌的胶质加糖和香料制成的，只能咀嚼，不能吞下。口香糖最初是当作缓解精神焦虑、锻炼面部肌肉的佳品被引入文明社会的。现在，它仍然受到世界各地年轻人的喜爱。

经过精心加工的口香糖

风靡全球的糖果——口香糖的发明

　　19世纪时，许多发明家曾尝试用中美洲一种人心果树的弹性树胶来制橡胶，但都失败了。1869年，美国摄影师托马斯·亚当斯购买了这种树胶，但也没能制出橡胶，后来他发现印第安人很爱嚼这种东西，这件事启发了他。于是亚当斯在树胶里加上调味品并把它煮沸，然后再做成圆球状，包上漂亮的花纸出售，这就是最初的口香糖。这种糖果问世，就受到了年轻人的喜爱。

现代的口香糖的用途已开发得非常丰富了。这是用来美白牙齿清洁口腔的口香糖。

口香糖的主要成分

　　口香糖的主要成分是糖粉、糖浆以及胶基，前两者都是溶于水的物质，在口腔中咀嚼时会随着唾液慢慢溶化掉，所以经过人们咀嚼后吐出的主要是其中的胶基。胶基的成分比较复杂，主要是橡胶和碳酸钙。胶基里的橡胶不仅不溶于水，也很难溶于酸、碱性的化学试剂，而且它具有很强的黏合性，一旦粘在地上就很难清除掉，对环境造成污染。

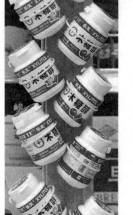

包装得这样精美的口香糖，谁也不会想到它能成为环境杀手。

口香糖污染

　　口香糖的发明者当初发明这种糖果的时候，并没有想到他所发明的这种清洁口腔的食品日后竟会成为污染市容环境的"公害"。现在，口香糖残渣的污染已经成为一个世界性的难题，为此世界各国都纷纷向口香糖宣战。早在1992年，新加坡政府就颁布了禁止进口及销售口香糖的法令。但是，世界上的很多地区还是没能很好地控制口香糖污染。

咀嚼口香糖并不能代替刷牙

　　嚼口香糖可以促进人口腔内唾液的分泌，并通过唾液"稀释"吃过食物后残留在口腔内的酸。酸是破坏人的牙齿、导致龋齿产生的"罪魁祸首"，但通过咀嚼口香糖产生的唾液只能对口腔内的酸起到"稀释"作用，对牙齿的保护作用十分有限。而且，嚼口香糖也无法全部带走口腔内的细菌。因此不提倡以咀嚼无糖口香糖代替刷牙。

方便面

　　方便面是一种将面条油炸后烘干，用开水冲泡，加上调料就可以吃的快餐食品。如今，方便面已遍布全世界，成为现代人食谱上一种主要的食品。虽然方便面变得越来越好吃，但总吃方便面，便会有健康方面的忧虑。为了身体健康、营养充足，最好不要经常食用方便面。

方便面虽然是由面粉制成，但其中的营养成分并不能满足人的身体需要，应尽量少吃。

"速食"扫天下——方便面的发明

　　1958年，日本人安藤百福发明了世界上第一包方便面。二战以后，日本粮食严重不足。安藤百福看到人们这种饥寒交迫的窘境，便产生制造一种加入热水就能食用的速食面的想法。之后，他便开始了试验。为了实现"方便、简易"，他想到了"油炸"，这样，可以很快就把面条炸干，便于贮存。之后，他还发明了添加调味料的方法，使自己的方便面味道鲜美、可口。经过长达3年的苦心钻研，安藤百福终于研制成功了方便面。此后，方便面逐渐风靡全球。

方便面的调味包是由很多种调味品调制成的。

方便面的技术发展

　　方便面口味单调，营养价值低，不适合长期食用，这已经是人们的共识。所以，解决方便面的营养问题是改良重点。未来方便面市场增幅最大的将是碗装佳肴面和冷热食用皆宜的湿面。碗装佳肴面是指有荤素搭配的方便面，它用蒸煮袋装入菜肴，彻底改变过去以汤基料及油料为调味品的状况，这将使方便面的品质有极大的进展。而湿面即非油炸方便面，是将制作好的面条经水煮、包装、杀菌等工序制作而成，保持新鲜水煮面条的特性，含油量远远低于油炸方便面，有利于人体健康。

经过不断的改良，未来将会有营养丰富、更加好吃的方便面问世，给人们带来真正的方便。

方便面中的食品添加剂

　　方便面中所含的添加剂有：1.食盐。一包方便面含盐6克，而成人每天食盐的推荐摄取量是8克左右，方便面的含盐量明显偏高，长期食用方便面，就会因吃盐过多而易患高血压，且损害肾脏。2.磷酸盐。它可以改善方便面的味道，但是摄磷太多会使人体内的钙无法充分利用。3.油脂。方便面都用油炸过，这些油脂经过长时间存放会氧化变为"过氧化脂质"，"过氧化脂质"积存于血管或其他器官中，会加速人体细胞的老化速度。4.防氧化剂。方便面从制成到消费者手中，有时长达几个月，它其中添加的防氧化剂和别的化学药品已经在慢慢地变质，对人体有害无益。

拉链

拉链是一种可以分开和锁合的链条形的金属或塑料制品，衣服、手提包和其他纺织品上都配有拉链。拉链是一种具有强大生命力的产品，至今为止还没有任何一项产品能够取代拉链的功能。随着科学技术的进步，人们生活水平的提高，拉链的应用范围和需求量将越来越大。

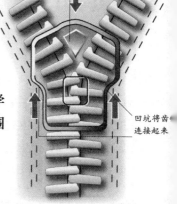

三角形楔形物将齿分开

凹坑将齿连接起来

拉链的发明

1893年，美国工程师惠特康布·贾德森发明了一种新型的扣件，它包括一系列的扣子。这些扣子可以用一个滑动的金属导轨来打开或关上。贾德森因此获得了"滑动锁紧装置"方面的第一个专利，这就是"拉链"。贾德森将这种"拉链"用在靴子上，但没有成功。1913年，瑞典人桑巴克改进了早期的"拉链"，将它变成了一种可靠的商品。1926年，美国小说家弗朗克给这种装置起名为拉链。

拉链有两列细齿，在要连接的两个边上，一边一列。把一个滑动装置向一头拉时，两列齿互相交叉连在一起，向另一头拉时两列齿则互相分开。

拉链的原理

拉链又称拉锁，是一个可重复拉合、拉开的，两条柔性的可互相啮合的连接件。常见的拉链形式有单头闭尾式、双头闭尾式、双头开尾式等。链牙有大小之分，齿形各有不同，拉头造型富于变化，既可作拉手，又可作装饰。拉头还可保险，当拉链拉合后不会自动滑开。拉链的工作原理很简单，即两条拉链带通过拉头的作用，能随意地拉合或拉开。

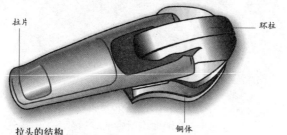

拉片

环柱

拉头的结构

铜体

制作拉链的材质及用途

制作拉链的材质有：尼龙、塑钢、金属等，它们各具特点。尼龙拉链属于常见拉链，它的齿形结构用塑胶尼龙所做。主要用在背包、夹克、裤子和运动鞋上面。隐形拉链的正面看不到齿形，美观大方，变化多。塑钢拉链的齿形结构用塑钢所做，是一种新兴拉链。塑钢拉链主要用在运动休闲用品上。金属拉链的齿形结构用金属制成，一般是铝、镍或铜，主要用在牛仔服、皮件上。

拉链被装在手提包上可以保护物品的安全。

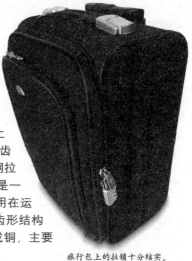

旅行包上的拉锁十分结实。

回形针

　　回形针是用金属丝来回折弯做成的夹纸片的小物品，也叫曲别针。13世纪的时候，人们用短丝带穿过文件左上角的切口，然后把它们紧紧地绑在一起。今天，我们用金属丝弯成回形针把文件夹在一起。双椭圆形的回形针是其中最为成功的一种。

特殊造型的回形针

回形针的发明

　　过去，人们经常用针来把他们的纸页固定在一起。但针不仅损害纸张，还会因刺破手指头而伤害使用者。1899年挪威发明家约翰·瓦勒提出了金属丝纸夹的

在回形针上制作出精美的花纹，还使它具有了一定的装饰效果。

专利申请。由于挪威没有专利申请体制，瓦勒便在德国申请了专利权。几乎与此同时，几个发明家也提出了类似的设计。但是，所有这些早期纸夹都存在着一些问题。当推动夹子时，突出的金属丝末端会刺进纸里，戳破纸张，对纸张造成的损害甚至超过了针。用于工生产纸夹的劳动成本会使产品价格过高。但做一部制造夹子的机器也很困难。美国康涅狄格州沃特堡的工程师威廉·米德尔布鲁克解决了机器制造这一问题。他发明了一部制作弯曲金属丝纸夹的机器，并且对回形针加以改进，由于他的机器制成的纸夹有一个双重环圈，不会损坏纸张，于是这种纸夹设计就被采用为回形针的标准设计了。

小小的回形针用途十分广泛。

小东西大作用——回形针的应用

　　回形针虽是小产品，但是在机关、财务、银行、新闻、教育、科技等各个领域都有广泛的应用。处理堆积如山的文件，都要大量使用回形针，在全世界数以千万计的办公室中，每个办公桌都至少需要一盒回形针。

现在回形针用涂上不同颜色的塑料制成。这不仅使回形针更有吸引力，而且使用者可以用不同颜色的回形针为纸页"编码"。

回形针的故事

　　20世纪80年代初，日本专家村上幸雄在中国南宁为部分学者讲课时，捧来一把回形针，问听课的人："谁能说出回形针的多种用途。"人们挖空心思，勉强说出了20来种。人们问村上，他说，按勾、挂、别、联四字概括，可说出300多种。大家感到很惊讶。这时，一位年轻的学者走上讲台，说："回形针的用途，我可以说出3千，3万种。"说话的人叫许国泰。话音刚落，全场哗然。待人们平静下来时，许国泰说出了自己的思路，回形针可弯成数字1、2、3……可做运算符号＋、－、×、÷，可做成外文字母A、B、C……可做指北针，可做导线等等。他的思路，不仅突破了一般人的思维定势，也大大超越了日本专家的模式，这件事一时被传为美谈。

牛仔裤

　　牛仔裤是一种紧腰身、浅裆、裤腿很瘦的裤子，多用较厚实的布料制成。19世纪中叶，牛仔裤的发明者利维·斯特劳斯创出了第一个"Levis"牛仔裤商标之后，美国、英国相继推出了其他独具魅力的牛仔装品牌。如今牛仔裤已风靡全世界，引领着服装潮流。

现在，牛仔裤已经成为人们最喜欢穿着的休闲服饰。

牛仔裤的发明

　　19世纪50年代，住在美国旧金山的利维·斯特劳斯开办了一家销售日用百货的小店。为处理积压的帆布，利维试着用帆布裁做低腰、直腿筒、臀围紧小的裤子，兜售给淘金工，由于这种帆布裤比棉布裤更耐磨，大受淘金工的欢迎。1853年，利维开办了专门生产帆布工装裤的公司。后来，利维发现欧洲市场上的一种新面料，这是一种蓝白相间的斜纹粗棉布，它兼有结实和柔软的优点。于是利维开始进口这种新面料，专门用于制作工装裤。用这种新式面料制作的裤子，既结实又柔软，样式美观，穿着舒适，更受欢迎。后来，利维还把工装裤全部加上黄铜铆钉，并申请了专利，由此传统的牛仔裤就此定型。

为了满足淘金工人们的需要，利维发明了结实耐穿的牛仔裤。

如今出现了更多的牛仔裤的品牌，人们可以选择自己喜欢的样式。

牛仔裤的发展

　　从20世纪40年代开始，牛仔裤由劳动工作服逐渐发展成时装，很快流行到各个年龄和阶层，几乎成了美国的"国服"和国际性服装。70年代美国又一牛仔裤品牌"苹果牌"开发了"石磨蓝"牛仔裤，使原来粗硬的裤子变得柔软舒适，同时又有斑斑白点，接近自然仿旧效果，十分受年轻人喜爱。现在，以纤维素酶为主的先进生产工艺使牛仔裤变得更柔软、舒适，还具有较高的耐磨强度，更适合长期穿着。而且除蓝色外，牛仔裤还加入了黑色和其他颜色。如今，牛仔裤已发展出牛仔衫、牛仔裙、牛仔背心、牛仔套服、牛仔鞋帽和牛仔包等系列产品。现在，服装设计师们仍在不断改变风格，满足人们的需求。

牛仔裤发明以后，立刻受到了美国西部牛仔的欢迎。

信用卡

凡是能够为持卡人提供信用证明，持卡人可凭卡购物、消费或享受特定服务的特制卡片均可称为信用卡。信用卡是银行发给储户的一种代替现款的消费凭证。信用卡包括贷记卡、准贷记卡、借记卡、储蓄卡、提款卡（ATM卡）、支票卡及赊账卡等。随着信用卡业务的发展，信用卡的种类还将不断增多。

如今人们已十分熟悉信用卡符号，它们成了一种国际语言。各银行都有它们可接受的信用卡。

信用卡使人们的生活变得更加便捷。通过信用卡的各种功能，人们在购物时经常能享受到各种折扣，十分有用。

信用卡的广泛使用

计算机的发明使得信用卡的广泛使用成为可能。到20世纪50年代中期，计算机首先应用于商业，这意味着顾客的账目信息可以很方便地归拢在一起并贮存起来。从那时起，其他许多发明使信用卡使用更安全，更便利。例如，把磁条加到卡上的想法，卡上可录入顾客的身份及身份证号码等信息。现在，这样的信用卡已用于各种途径，像银行贷兑现款、担保支票，当然还有像最初打算的那样用卡来购物。值得一提的是，目前，内装集成电路的信用卡越来越流行，集成电路上可以贮存持有人的银行账户和其他信息细目。这类卡以"智能卡"而闻名。

刷卡时代的来临——信用卡的发明

信用卡1915年起源于美国。最早发行信用卡的机构并不是银行，而是一些百货商店、餐饮娱乐业和汽油公司。为招徕顾客，推销商品，这些商店有选择地发给一些顾客一种类似金属徽章的筹码作为消费凭证，顾客可以在这些发行筹码的商店及其分号赊购商品，约期付款。这就是信用卡的雏形。50年代后，有人设计出了几乎在任何地方都有效的"通用"卡。1958年，第一张银行卡——美洲银行的"邦加美利卡"正式使用了。这是世界上第一张真正的信用卡。

信用卡发明后，人们不必再携带大量现金，只要需要时在提款机上提取就可以了，十分方便。

图书在版编目（CIP）数据

世界重大发明发现百科全书 ／龚勋主编．—汕头：
汕头大学出版社，2012.1（2021.6重印）
ISBN 978-7-5658-0574-5

Ⅰ．①世… Ⅱ．①龚… Ⅲ．①创造发明-世界-青年读
物②创造发明-世界-少年读物 Ⅳ．①N19-49

中国版本图书馆CIP数据核字（2012）第008815号

世界重大发明发现百科全书

SHIJIE ZHONGDA FAMING FAXIAN BAIKE QUANSHU

总 策 划 邢　涛		**印　　刷** 唐山楠萍印务有限公司
主　　编 龚　勋		**开　　本** 705mm×960mm　1/16
责任编辑 胡开祥		**印　　张** 10
责任技编 黄东生		**字　　数** 150千字
出版发行 汕头大学出版社		**版　　次** 2012年1月第1版
广东省汕头市大学路243号		**印　　次** 2021年6月第8次印刷
汕头大学校园内		**定　　价** 34.00元
邮政编码 515063		**书　　号** ISBN 978-7-5658-0574-5
电　　话 0754-82904613			